Markus Berger

Kakteen pflegen

83 Farbfotos

Ulmer

Inhalt

Faszination Kakteen

Kakteen üben auf manche Pflanzenfreunde eine geradezu magische Anziehungskraft aus. Der Kontrast zwischen den auffälligen, abweisenden Dornen und den farbenprächtig leuchtenden Blüten macht sie zu einem beliebten Sammelobjekt. Verglichen mit der Gesamtheit der botanischen Wissenschaft umfasst die Gruppe der Kakteengewächse (Cactaceae) nur eine relativ kleine Zahl von Gewächsen. Doch allein diese kennen und pflegen zu lernen, verlangt einiges an Zeit und Geduld. Das Lernpensum innerhalb der Kakteenkunde ist immens. Nicht ohne Grund konzentrieren sich einige Liebhaber und Sammler auf eine spezielle Gruppe. So befasst sich der eine mit Astrophyten (Sternpflanzen), der nächste mit Notokakteen (Buckelkakteen), ein anderer mit Opuntien (Feigenkakteen).

Die Heimat der Kakteen

Alle Kakteen kommen ursprünglich vom amerikanischen Doppelkontinent, auch wenn einige Arten der epiphytischen (baumbewohnenden) Gattung *Rhipsalis* mittlerweile in Asien und Afrika heimisch sind. Die Familie der Kakteen hat sich aber über die Jahrzehnte in Europa und Australien verbreiten und etablieren können. Das liegt sicherlich unter anderem an den Aktivitäten der zahlreichen Sammler und Pflanzenforscher, die viele Arten in verschiedene Länder einschleppten. Dennoch findet sich der definitive Großteil der Kakteen nach wie vor in Amerika. Dort sind diverse Kakteen von kulturhistorischem Interesse, weil sie innerhalb der so genannten Ethnobotanik, also des völkerkundlichen Gebrauchs einheimischer Flora als Nutzpflanzen unterschiedlichster Art, verwendet werden (siehe Seite 12).

Erstaunliche Verwandtschaft

Die Familie der Kakteengewächse besteht aus etwa 300 Gattungen mit ungefähr 3000 bisher bekannten Arten, obgleich sich die Botaniker bezüglich des Artenreichtums nicht ganz einig sind. Einige Wissenschaftler sehen wesentlich weniger Arten, andere neigen dazu, möglichst viele Formen als eigenständige Art zu klassifizieren. Die Bestimmung und systematische Zuordnung von Gewächsen ist allerdings innerhalb der Botanik ein stets diskutiertes Thema. Unbestritten ist allerdings die Stellung der gesamten Kakteenfamilie

Bei guter Pflege können auch Ihre Kakteen so üppig blühen.

In den Stämmen des *Carnegiea gigantea*, hier ein Exemplar in Arizona, bauen Spechte gerne ihre Bruthöhlen.

im botanischen Stammbaum: sie wird nahe zu den Nelkengewächsen gestellt.

Die Kakteenbestimmung ist eine Wissenschaft für sich

Die Gattungen und Arten der Kakteen zu unterscheiden, ist bei der großen Formenvielfalt und teilweisen Analogie vieler Gewächse ähnlich schwierig, wie dies beispielsweise bei den Gräsern und Farnen der Fall ist. Besonders der Anfänger findet eine unüberschaubare Anzahl von vermeintlich gleich aussehenden Pflanzen vor, die er kaum unterscheiden kann.

Auch Fachleute streiten immer wieder über die Klassifikation einzelner Gewächse. Beispielsweise haben die Kakteenkundler Barthlott und Hunt 1993 die Gattung *Trichocereus* aufgelöst und den Echinopsen zugeführt. Auch die Gattung

Die botanische Stammtafel der Cactaceae

Klassifikation		**Lebewesen**
Domäne		Eukaryoten (Eucaryota)
Reich		Pflanzen (Plantae)
Unterreich		Gefäßpflanzen (Tracheobionta)
Überabteilung		Samenpflanzen (Spermatophyta)
Abteilung		Bedecktsamer (Magnoliophyta)
Klasse		Dreifurchenpollen-Zweikeimblättrige (Rosopsida)
Unterklasse		Nelkenähnliche (Caryophyllidae)
Ordnung		Nelkenartige (Caryophyllales)
Familie		Kakteen (Cactaceae)
	Unterfamilie	**Gattungen**
	Pereskioideae	*Pereskia*
		Maihuenia
	Opuntioideae	*Opuntia*
		Pereskiopsis
		Pterocactus
		Quiabentia
		Tacinga
	Cactoideae	alle anderen

Notocactus wurde eliminiert und deren Arten zu *Parodia* gestellt. Nur drei Jahre später haben die Autoren Erich Götz und Gerhard Gröner in ihrem Standardwerk „Kakteen" die Trichocerei und die Notokakteen wieder als eigenständige Gattungen aufgeführt. Man sieht, es gibt nicht „die richtige Systematik". In diesem Buch wird darauf nur in Einzelfällen eingegangen. Eine Übersicht der wichtigsten Reformen innerhalb der Systematik findet sich im Serviceteil; im vorliegenden Werk wird eine gängige Mischform aus den nomenklatorischen Systemen der Kakteenkundler Curt Backeberg, Franz Buxbaum und Nathaniel L. Britton und Joseph N. Rose verwendet.

Vielfalt innerhalb der Familie

Kakteen sind sukkulente, also fettfleischige (lat. *succus* bzw. *sucus* = Saft) Gewächse, die sich über die Jahrhunderte ihrer Umgebung und den lebensunfreundlichen vegetativen Bedingungen ihrer Heimat angepasst haben. Innerhalb dieser sehr variab-

Die Kakteen der Gattung *Parodia* fallen durch ihre optisch attraktive Bedornung auf.

Stachel oder Dornen?

Dornen sind fest zum Pflanzenkörper gehörende Teile, beispielsweise umgebildete Blätter (bei allen Kakteengewächsen) oder Triebe. Echte Stacheln hingegen sitzen nur auf der Epidermis (auf der Oberhaut) des Stängels, ähnlich, als wären sie aufgeklebt. Ein typisches Beispiel hierfür sind die Rosen (Familie der *Rosaceae*).

len Familie gibt es Pflanzen von 2–3 cm Wuchshöhe neben solchen, die eine Wuchshöhe von 15 m und höher erreichen können. Kakteen als fettfleischige Pflanzen besitzen die Fähigkeit, Wasservorräte über lange Zeiträume zu speichern und sparsam nach Bedarf zu verbrauchen. Der zumeist trockene und öde Lebensraum der Gewächse bedingt dies geradezu. Für diesen Speichervorgang besitzen Kakteen ein sogenanntes kortikales Wassergewebe, sie bewahren also ihre Wasservorräte in der primären, äußeren Rinde auf. Einige Arten, z. B. der Saguaro-Kaktus, *Carnegiea gigantea*, nutzen außerdem das Mark ihres Körpers, also das „Pflanzenfleisch", als Wasserspeicher.

Kakteen sind bedornt, weil die Blätter vieler Arten im Laufe der Evolution verkümmerten. Ähnliches können wir auch bei heimischen Pflanzen beobachten. So sind beispielsweise bei der Schlehe (*Prunus spinosa*) oder beim Holzapfel (*Malus sylvestris*) zwar nicht die Blätter, wohl aber deren Triebe verkümmert und erscheinen nun als Dornen. Der Begriff „Dorn" wird dabei zumeist falsch verwendet und missverstanden. Selbst gestandene Kakteenforscher nutzen zur Beschreibung dorniger Kaktusgewächse immer wieder fälschlicherweise den Terminus „Stachel", wohl weil es sich mittlerweile so eingebürgert hat.
Um sich vor Fraßfeinden zu schützen, bedienen sich viele Kakteen einer äußerst geschickten Taktik: Sie integrieren sich optisch in das Landschaftsbild ihres Lebensraumes. Dies lässt sich mit der optischen Anpassung eines Chamäleons oder mancher Insekten vergleichen. Diese besondere Fähigkeit, beispielsweise leblose Objekte (z. B. Steine) oder Pflanzenteile (z. B. Blätter oder Zweige) nachzuahmen um Fressfeinde zu überlisten, nennt der Biologe „Mimese". So tarnen sich *Lophophora*- und *Ariocarpus*-Arten sowie einige andere kleinere Kakteenarten derart perfekt, dass man sie nur mit einem sehr geschulten Auge oder durch Zufall entdecken kann.

Neu entdeckte Arten und Gattungen

Auch heute noch werden immer wieder unbekannte Arten und Gattungen entdeckt, beschrieben und in die botanische Systematik eingeordnet. So wurden in den vergangenen Jahren die Gattungen *Cintia*, *Geohintonia* und *Yavia* erstmalig gefunden und wissenschaftlich definiert. Die Geschichte der Kakteenforschung ist, verglichen mit der gesamtbotanischen Wissenschaftsgeschichte, nicht besonders lang. Es wird also immer wieder vorkommen, dass unbekannte Kakteengewächse entdeckt werden. Diese können neue Arten darstellen, bisher unbekannte Gattungen begründen oder vielleicht Varietäten und Formen bereits be-

Andere Sukkulente

Pflanze	Botanische Gattung	Familie
Agave	*Agave*	Agavaceae (Agavengewächse)
Aloe	*Aloe*	Aloaceae (Aloegewächse)
Bogenhanf	*Sansevieria*	Dracaenaceae (Drachenbaumgewächse)
Christusdorn	*Euphorbia*	Euphorbiaceae (Wolfsmilchgewächse)
Dachwurz	*Sempervivum*	Crassulaceae (Dickblattgewächse)
Flammendes Käthchen	*Kalanchoe*	Crassulaceae (Dickblattgewächse)
Geldbaum	*Crassula*	Crassulaceae (Dickblattgewächse)
Hoodia	*Hoodia*	Asclepiadaceae (Schwalbenwurzgewächse)
Lebender Stein	*Lithops*	Aizoaceae (Mittagsblumengewächse)
Mauerpfeffer	*Sedum*	Crassulaceae (Dickblattgewächse)

schriebener Pflanzen sein. Schon manches Mal hat die Entdeckung neuer Pflanzen die Ordnung der in mühevoller Kleinarbeit erarbeiteten Kakteen-Systematik ins Wanken gebracht. Die Natur lässt sich nicht ohne weiteres in Muster pressen.

Kakteenhäuser in botanischen Gärten

Um die Familie der Kakteen genauer kennen zu lernen, lohnt sich auf jeden Fall ein Ausflug in einen botanischen Garten. In den meisten dieser Anlagen existieren Kakteen- oder Sukkulentenhäuser, die häufig über umfangreiche Sammlungen der unterschiedlichsten Pflanzen verfügen. Die einzelnen Exemplare sind dort in aller Regel gewissenhaft mit Namensetiketten versehen und gedeihen zudem in perfekten Verhältnissen.

Hier lassen sich auch „Problemkakteen“ sicher bestimmen – vor allem, weil die Gewächse in natura betrachtet werden können und nicht nur anhand eines Fotos zu identifizieren sind. Man kann sich außerdem in einer so professionell angelegten Umgebung einiges für die Heimkultur abschauen. Nicht selten sieht man in solchen Gewächshäusern Kakteen blühen, die zu Hause auf dem Fensterbrett nie oder nur schwer Flor ausbilden.

Kaktus oder nicht?

Bei ungeschulten Pflanzenfreunden herrscht oftmals Unstimmigkeit bzw. Unwissen in Bezug auf die Frage, welche Gewächse denn nun zu den Kakteen gehören und welche nicht. Viele Menschen neigen dazu, Agaven, Euphorbien, Dickblatt-Arten, ja selbst Semperviven und manchmal gar sämtliche Sukkulenten als Kakteen zu bezeichnen. Das ist auch nicht verwunderlich, schließlich entsprechen viele Vertreter der Cactaceae nicht dem typischen Bild eines Kaktus (z. B. die *Pereskien* und einige Epiphyten), wohingegen so manche andere Sukkulenten rein optisch perfekt in das Bild eines Kakteengewächses passen. Diverse Euphorbien, beispielsweise *Euphorbia horrida*, *Euphorbia lactea* und *Euphorbia grandicornis*, sehen wegen ihrer Wuchsform und Dornen für den in der Kakteenkunde Unbedarften tatsächlich wie Kaktuspflanzen aus. Die rundliche und dornenlose Art *Euphorbia obesa* ähnelt auf verblüffende Art und Weise dem Seeigel-Kaktus *Astrophytum asterias*. Natürlich ist dies generell kein Problem, wenn man seine Wohnung

Die Euphorbien gehören zu den Wolfsmilchgewächsen.

einfach mit schönen Grüngewächsen zieren mag. Auch die anderen Sukkulenten sind schön und gerade im Verbund mit Kakteen reizvoll. Die Pflege unterscheidet sich nicht derart signifikant, dass sich eine Mischkultur von mehreren fettfleischigen Pflanzenfamilien zu einem Problem auswachsen könnte. Wer sich allerdings umfassender mit der Pflege der anderen Sukkulenten befassen möchte, der sollte sich im Zweifelsfall in spezialisierte Literatur vertiefen (siehe Serviceteil S. 117).

Ein kleiner Rückblick

Geschichtlich betrachtet gehören die Kakteengewächse zu den jüngeren Pflanzenfamilien. Kakteen wurden 1625 im Kräuterbuch des Heilkundigen und Gelehrten Tabernaemontanus erstmalig schriftlich erwähnt, damals noch als melonenähnliche Blumen bzw. als „Melonendisteln“. Aufgrund ihrer exotischen und sehr einzigartigen, eigentümlichen Wuchsform, konnten sich viele Pflanzenfreunde bald für diese außerordentlichen Gewächse begeistern.

Der schwedische Arzt und Botaniker Carl von Linné führte das binäre Namenssystem der Pflanzen ein, nach dem jedes Gewächs einen lateinischen bzw. griechischen Gattungs- und einen Artnamen erhält. Er ist auch der Urheber der Bezeichnung „Cactus“. Diesen Namen leitete Linné vom griechischen Wort *kàktos* her, das ins Deutsche übersetzt in etwa „stachelige Pflanze“ bedeutet. Bei den Griechen der Antike wurde mit diesem Begriff die ebenfalls stachelige Artischocke bezeichnet.

Kakteen – vielfältig verwendbar

Viele Kakteen werden von den indigenen Völkern als Nutzpflanzen für verschiedene Zwecke gebraucht. Aus den Pflanzen bzw. deren Teilen lassen sich Alltags- und Gebrauchsgegenstände wie Baustoffe, Nähnadeln, Briefkästen, Kämme und Zäune fertigen. Kakteen dienen zudem seit langem als „natürliche Apotheke“ und als biologische „Chemiefabriken“. So dopen sich manche Stammesangehörige mit leistungssteigernden, amphetaminartig wirksamen Zubereitungen aus dem kleinen Kaktus *Epithelantha micromeris* vor sportlichen Wettkämpfen, drei weitere Kakteenarten enthalten Koffein, und viele Arten können auch als Nahrungs- und Genussmittel, andere sogar als hoch wirksame Medizin verwendet werden.

Die Homöopathie nutzt schon seit einiger Zeit Zubereitungen aus *Selenicereus grandiflorus*, *Myrtillocactus geometrizans*, *Eriocereus bonplandii*, *Nyctocereus serpentinus* und einigen *Opuntia*-Arten. Interessanterweise lassen sich die aus den Kakteen hergestellten Potenzen bei Herzerkrankungen (z. B. Angina pectoris-Anfällen), Durchblutungsstörungen, Darmbeschwerden und vielerlei anderen Erkrankungen verwenden. Auch die Schulmedizin entdeckt allmählich die heilsamen Eigenschaften der Kakteen. So soll das Fleisch der Opuntien beispielsweise den Blutzuckerspiegel und den Cholesterinhaushalt in günstiger Weise beeinflussen. Auch als Nahrungsmittel werden zahlreiche Kakteen

Essbare Kakteen (Auswahl)
(Gattungsangaben beziehen sich immer auf mehrere genießbare Spezies)

Gattung/Art	**Essbare Teile**
Carnegiea gigantea	Früchte, Fruchtfleisch (Sítoli), Honig (Saguaro)
Cereus subsp.	Früchte (Pitahaya dulce)
Echinocactus subsp.	Früchte, Fruchtfleisch
Echinocereus subsp.	Früchte
Echinopsis subsp.	Früchte, seltener auch das Fruchtfleisch
Epithelantha micromeris	Früchte (Chilitos), seltener der ganze Kaktus
Espostoa lanata	Früchte
Ferocactus subsp.	Fruchtfleisch
Hylocereus subsp.	Früchte (Drachenfrucht, Pitahaya)
Lemaireocereus marginatus	Früchte
Mammillaria subsp.	Früchte (Chilitos), seltener auch das Fruchtfleisch
Melocactus subsp.	Früchte
Mila subsp.	Früchte
Myrtillocactus geometrizans	Früchte („Heidelbeeren“, Garambulos)
Neowerdermannia vorwerkii	Früchte, der ganze, geschälte (und gekochte) Kaktus
Opuntia subsp.	Früchte, Knospen, Blüten, Triebe (Nopalitos)
Oreocereus subsp.	Früchte (Pasacana)
Pachycereus subsp.	Früchte, Samen
Pereskia subsp.	Früchte, Blätter
Selenicereus megalanthus	Früchte, Triebe
Soehrensia subsp.	Früchte (Pasacana)
Stenocereus subsp.	Früchte
Trichocereus subsp.	Früchte (Pasacana)

Opuntia cochenillifera dient den Cochenilleläusen als Wohnstätte.

verwendet. Eine Reihe Gattungen und Arten werden entweder allein oder als Speise-Zusatz gegessen. Die Tabelle gibt Auskunft über essbare Kakteen.

Der wertvolle Farbstoff

Die Feigenkaktus-Art *Opuntia cochenillifera* heißt in Mexiko „Nopalnochetzli" und wird dort in ganz spezieller Art und Weise verwendet. Auf dieser Opuntie wird die Cochenillelaus (in Mexiko „Nochetzli" genannt), eine Schildlaus-Art, gezüchtet. Wir kennen hierzulande Schildläuse als Schädlinge und bekämpfen sie, in Mexiko haben die Tiere jedoch eine andere Bedeutung. Die Cochenille-Laus ist nämlich ein wertvoller Lieferant von natürlichen Farbstoffen. Die Schildläuse saugen den Saft der Kakteen auf. Wenn auf einer Opuntie eine ausreichende Anzahl der Läuse vorhanden ist, werden diese abgekratzt, über Wasserdampf abgetötet und anschließend in der Sonne getrocknet und zu einem Pulver verarbeitet. Das Pulver der Weibchen ergibt einen rot-blauen Farbton, das der männlichen Schildläuse einen scharlachroten. Bereits die Azteken machten sich diese Eigenschaft zunutze und färbten mit Schildlausfarbe Textilien und andere Gegenstände und nutzten diese als Grundstoff für die Kriegsbemalung. Als im sechzehnten Jahrhundert die Spanier in Mexiko einfielen und sich der Kulturgüter und Schätze bemächtigten, waren die Eroberer von der aus Schildläusen hergestellten Farbe so angetan, dass sie sich die Praxis der Cochenille-Zucht abschauten bzw. fortan diesen natürlichen Farbstoff aus Mexiko importierten.

Reichtum der Kakteenformen

Die folgende Übersicht über die morphologischen Erscheinungsformen der Kakteengewächse gibt einen ersten Eindruck von der äußeren Vielfalt dieser Pflanzenfamilie. Das Bild des gemeinen Kaktus, der stark bedornt ist und kugelig oder säulig wächst, entspricht bei weitem nicht der Wirklichkeit. Es gibt viele Kakteen, die der urtümlichen Vorstellung vom Aussehen dieser Gewächse nicht entsprechen. Deshalb wurde ein künstliches System erstellt, das die Cactaceae außerhalb der nomenklatorischen Systematik nach ihrer Wuchsform klassifiziert. Dies erleichtert dem Einsteiger die Orientierung, denn das ungeschulte Auge ist zumeist nicht in der Lage, die unterschiedlichen Kakteen ausschließlich anhand des äußeren Erscheinungsbildes zu identifizieren. So werden beispielsweise häufig die Agaven und Euphorbien zu den Kakteen gezählt, hingegen Arten der Gattungen *Hatiora* oder *Pereskia* nicht. Man unterscheidet:

- Pereskienartige Kakteen
- Opuntienartige Kakteen
- Gliederkakteen
- Blattkakteen
- Blattwarzenkakteen
- Echte Warzenkakteen

Pflegeansprüche bekannter Pereskienartiger	
Pereskia	pflegeleicht, direkte Sonne, durchlässiges und nährstoffreiches Substrat
Pereskiopsis	relativ pflegeleicht, sonniger bis halbschattiger Standort, nährstoffreiches Substrat
Quiabentia	relativ pflegeleicht, Standort in direkter Sonne möglich, halbschattiger Platz allerdings günstiger, Haltung im Gewächshaus vorteilhaft

- Kugelkakteen
- Schlangenkakteen
- Säulenkakteen

Innerhalb dieser Gliederung kommt manche Gattung mehrfach vor, z. B. kann man *Rhipsalis* sowohl zu den Glieder- als auch zu den Blatt- und Schlangenkakteen zählen. Außerdem müssen intern noch weitere Formen unterschieden werden, nämlich baumartige, strauchartige, säulige, kurzsäulige, kugelige und scheibenförmige Kakteen.

Pereskienartige

Die urtümlichsten Vertreter der Cactaceae sind nach heutigem Stand des Wissens die Laubkakteen, die Pereskien. Die Arten der Gattung *Pereskia* lassen sich von Einsteigern und Laien nur schwer als Kakteengewächs identifizieren. Die ähnlich aussehenden Arten der Gattung *Pereskiopsis* sowie die Quiabentien zählen ebenfalls zu den Pereskienartigen. Pereskien werden von Kakteenliebhabern gern und oft als Pfropfunterlage verwendet, z. B. für den Weihnachtskaktus *Schlumbergera* oder für *Rhipsalis*.

Die Gattung Opuntia umfasst mehr als 200 Arten, hier *Opuntia pycnantha* var. *margaritana* (oben) und *Opuntia grandis* (Seite 17 links).

Opuntienartige

Die Gruppe der Opuntienartigen wurde in mehrere Untergruppen aufgeteilt. Allein die sehr bekannte Gattung *Opuntia* besteht insgesamt aus mehr als 200 Arten. Ursprünglich aus Amerika stammend, haben sich diese so genannten Feigenkakteen auf allen Kontinenten verbreitet. Opuntien sind in Südfrankreich, Spanien und Griechenland ebenso häufig wie in

Pflegeansprüche bekannter Opuntienartiger

Maihuenia	relativ pflegeleicht, *Maihuenia peoppigii* ist sogar winterhart, gute Dränage notwendig
Opuntia	pflegeleicht, gut auf der Fensterbank kultivierbar, einige Arten winterfest und ganzjährig im Freiland kultivierbar
Pterocactus	relativ pflegeleicht, Zimmerkultur in direkter Sonne oder an einem halbschattigen Standort möglich
Tacinga	Gewächshaus, Zimmerkultur möglich, halbschattiger Standort

Südafrika. Australien hatte gar vor Jahren mit einer wahren *Opuntia*-Plage zu kämpfen. Die Pflanzen verwilderten so stark, dass sie die einheimische Flora zu verdrängen drohten. Viele Arten dieser Kakteen können selbst bei uns in Mitteleuropa heimisch werden, sie sind winterhart. Die Pflanzen tragen rundliche, zylindrische bis ohrenförmige Triebe, auch die anderen opuntienartigen Kakteen zeichnen sich durch runde oder gliederähnliche Triebe aus und haben, mit Ausnahme der *Maihuena*- und vereinzelter *Tacinga*-Arten, echte Glochiden (borstige Dornenbüschel).

Schlumbergera-Arten erfreuen meist im Winter mit ihrer Blütenpracht (oben).

Gliederkakteen

Die Gliederkakteen werden, ebenso wie die Pereskienartigen, von vielen nur schwerlich als Kakteen erkannt. Sie sind entweder mit blattähnlichen

Pflegeansprüche bekannter Gliederkakteen	
Epiphyllanthus	relativ pflegeleicht bis anspruchsvoll, Kultur im Zimmer möglich, Gewächshaus vorteilhaft
Hatiora	pflegeleicht und recht blühfreudig, halbschattiger Standort
Rhipsalidopsis	bedingt pflegeleicht, kalkloses und humoses Substrat, im Winter warm stellen, von September bis zur Blüte nur wenig wässern
Rhipsalis	relativ pflegeleicht, halbschattiger Standort, Ruhezeit von September bis Oktober
Schlumbergera	bedingt pflegeleicht, kalkloses und humoses Substrat, im Winter warmer Standort, September bis zur Blüte wenig wässern

Die Vertreter der Gattung *Hatiora*, hier *Hatiora gaertneri*, sind oft dornenlos.

Einen *Discocactus* sollte man im Gewächshaus halten.

platten, gezahnten oder rundlichen Gliedern ausgestattet, wie der Osterkaktus *Rhipsalidopsis* und der Weihnachtskaktus *Schlumbergera*, oder aber von zylindrisch-strauchiger Form, wie *Epiphyllanthus*, *Rhipsalis* und *Hatiora*. Übrigens ist eigentlich nur die Art *Rhipsalidopsis gaertneri* als Osterkaktus bekannt. Im Gartenfachhandel werden jedoch in der Regel auch andere Arten als „Osterkakteen“ verkauft.

Blattkakteen

Zu den Blattkakteen gehört mit zwölf Gattungen eine umfänglichere Anzahl an Gewächsen als zu den bisher besprochenen Gruppen. *Rhipsalis* kann sowohl hier als auch bei den Gliederkakteen eingeordnet werden, eine erste Überschneidung innerhalb dieses künstlichen Systems. Die meisten Blattkakteen leben in ihrer Heimat epiphytisch (also auf anderen, höher wüchsigen Gewächsen, z. B. auf Bäumen) und weisen platte, blattartige Triebe und nur spärliche bis fehlende Dornen auf.

Blattwarzenkakteen

In der Gruppe der Blattwarzenkakteen stehen für Sammler wichtige, viel gesuchte und einzigartige Gattungen beieinander. Dies sind *Ariocarpus*, *Encephalocarpus*, *Leuchtenbergia*, *Obregonia*

Viele Kakteen, wie auch *Leuchtenbergia principis*, brauchen im Winter gar kein Wasser (Seite 19 links).

Die Blüten von *Obregonia* denegrii stehen fast zentral auf dem Kaktus (Seite 19 rechts).

Pflegeansprüche bekannter Blattkakteen	
Epiphyllum	bedingt pflegeleicht, feuchtes bis tropisches Klima, Kultur
Disocactus	schwierig, Kultur im Gewächshaus
Nopalxochia	schwierig in der Zimmerkultur, besser im Gewächshaus
Wittiocactus	schwierig in der Zimmerkultur, besser im Gewächshaus

Pflegeansprüche bekannter Blattwarzenkakteen	
Ariocarpus	schwierige Pflege, Kultur im Gewächshaus empfohlen, im Sommer eine Ruhezeit bei vollkommener Trockenheit, während der Vegetationsperiode nur sparsam gießen, am besten auf einem resistenten Kaktus veredelt zu halten
Encephalocarpus	schwierig, durchlässiges und mineralisches Substrat, vollsonniger Standort, im Winter gänzlich trocken
Leuchtenbergia	ebenfalls anspruchsvoll, viel Sonne, sparsam gewässert, im Winter völlig trocken
Obregonia	schwierig, keine volle Sonne, halbschattiger Standort, mineralisches und durchlässiges Substrat
Strombocactus	anspruchsvoll, vollsonniger Standort, mineralisches Substrat, wenig Feuchtigkeit, im Winter völlig trocken, idealerweise veredelt gehalten

und *Strombocactus*. Alle Blattwarzenkakteen haben eine verdickte Rübenwurzel und blatt- oder papierartige, zumeist rosetten- oder kugelförmig angeordnete Warzen. Für die Zimmerkultur sind diese Pflanzen in aller Regel weniger geeignet. Auch ist die Pflege der genannten Gattungen eher dem fortgeschrittenen Kakteenliebhaber zu empfehlen.

Echte Warzenkakteen

Die echten Warzenkakteen, die mit sieben Gattungen innerhalb dieses Systems eine recht große Gruppe bilden, haben gewarzte bzw. gerippte, meist kugelig gedeihende Körper.

Pflegeansprüche bekannter Echter Warzenkakteen

Coryphantha	bedingt pflegeleicht, gut durchlässiges Substrat mit hohem Bimskiesanteil, einige Arten frostfest, im Winter nicht gießen
Escobaria	bedingt pflegeleicht, empfindlich gegen Staunässe, mineralisches, durchlässiges Substrat, einige Arten (z. B. *Escobaria missouriensis*) winterhart
Mammillaria	pflegeleicht (je nach Art auch etwas anspruchsvoller, z. B. *Mammillaria carmenae*, *Mammillaria pilcayensis* usw.), dicht bedornte Arten vollsonnig, freiere Arten halbschattig, durchlässiges Substrat und Dränage, im Winter fast trocken
Neolloydia	ähnlich *Mammillaria*
Ortegocactus	ähnlich *Mammillaria*
Pelecyphora	relativ pflegeleicht, Halbschatten oder indirektes Sonnenlicht an warmem Standort, geringer Wasserbedarf, durchlässiges Substrat
Sclerocactus	schwierig in der Pflege, gedeiht selbst veredelt auf geeigneten Unterlagen (beispielsweise auf langsamwüchsigen *Trichocereus*- bzw. *Echinopsis*-Arten) nicht zuverlässig

Auch *Coryphantha boreigii* bildet Blüten in der Nähe des Cephaliums (links).

Populär und weit verbreitet sind beispielsweise die Mammillarien, die neben den Opuntien den größten Artenreichtum innerhalb der Familie der Kakteengewächse aufweisen, und die Arten der Gattungen *Escobaria* und *Coryphantha*, von denen einige bei uns sogar winterhart sein können.

Etwas schwierigere Pflanzen sind die Arten der Gattungen *Pelecyphora* und *Sclerocactus*.

Kugelkakteen

Kugelkakteen sind zumeist von rundlichem Wuchs, können aber im Alter häufig auch säulig gestreckt oder im Ausnahmefall sogar niederliegend schlangenförmig wachsen. Zu dieser großen Gruppe, die über dreißig Gattungen umfasst, gehören z. B. die As-

Pflegeansprüche bekannter Kugelkakteen	
Astrophytum	bedingt pflegeleicht, mineralisches Substrat und warmer Standort, vollsonnig bis halbschattig, im Winter fast trocken
Aztekium	schwierig, mineralisches Substrat, Pflege im Gewächshaus wird empfohlen
Echinocactus	bedingt pflegeleicht, warmer und sonniger Standort, im Winter relativ trocken und hell, einige Arten (z. B. *Echinocactus grusonii*) gut im Zimmer kultivierbar, andere im Gewächshaus
Echinopsis	meist robust, Fensterbrett, heller Standort, nährstoffreiches Substrat
Epithelantha	anspruchsvoll, mineralische Erde
Ferocactus	pflegeleicht bis anspruchsvoll, lehmiges Substrat, heller Standort, mäßig wässern
Gymnocalycium	pflegeleicht bis anspruchsvoll, humoses und lehmiges Substrat, reagiert empfindlich auf ein Übermaß an Nässe
Lophophora	schwierig, mineralisches Substrat, nicht zu stark wässern, Gewächshaus
Melocactus	Kultur im Gewächshaus günstiger, heller und warmer Standort, im Winter nicht zu kalt
Notocactus	pflegeleicht, gut für Anfängern, nährstoffreiches Substrat, heller und warmer Standort

Lophophora williamsii bildet das halluzinogene Alkaloid Meskalin, das seit Urzeiten von Schamanen genutzt wurde.

Gymnocalycium carminanthum ist eine der wenigen rotblühenden Arten der Gattung.

trophyten, unter anderem die bekannte Bischofsmütze (*Astrophytum myriostigma*) und der Seeigelkaktus (*Astrophytum asterias*), die in den USA und Mexiko beheimatet und von einmaligem Aussehen sind. Auch der berühmt-berüchtigte Schwiegermuttersessel (*Echinocactus grusonii*), dessen Verwandte sowie die vielgestaltigen Echinopsen, Ferokakteen, Parodien und Gymnocalycien sind Vertreter der typischen Kugelkakteen.

Astrophytum myriostigma bildet bei guter Pflege prächtige Blüten aus.

Schlangenkakteen

Die Schlangenkakteen wachsen niederliegend, kletternd oder hängend und werden häufig am Rankgerüst oder in Ampelsystemen kultiviert. Die Triebe können berippt, geflügelt oder rundlich sein. Die bereits bei den Glieder- und Blattkakteen eingeordnete Gattung *Rhipsalis* ist ebenso zu den Schlangenkakteen zu rechnen wie *Selenicereus*, *Aporocactus*, *Hylocereus* und *Heliocereus*.

Säulenkakteen

Säulenkakteen sind in den Augen der meisten Menschen die faszinierendsten Kaktusgewächse. Viele der fackel- oder kandelaberartig wachsenden Pflanzen erreichen nach Jahren eine stattliche Größe, zudem sind die mal borstigen, mal kraftvoll mächtigen Dornen vieler Arten beeindruckend. Die aus den Westernfilmen bekannten und machtvollen Exemplare, z. B. *Carnegiea gigantea* oder *Pachycereus*-Arten, die in der Wüstenlandschaft ihrer Heimat oftmals ganze Wälder bilden, sind häufig der Inbegriff eines typischen Kaktus.

Ein *Aporocactus*, hier *Aporocactus flagelliformis*, wirkt sehr dekorativ.

Pflegeansprüche bekannter Schlangenkakteen	
Aporocactus	pflegeleicht, heller Standort, reichlich Wässerung, nährstoffreiches Substrat
Heliocereus	pflegeleicht, nährstoffreiches und humoses Substrat, halbschattiger Standort, regelmäßige Bewässerung
Hylocereus	pflegeleicht, hell, warm und feucht, wachsen sehr rasch, für die Fensterbank-Kultur nur bedingt geeignet
Selenicereus	pflegeleicht, humoses Substrat, warmer und heller Standort, Rankgerüst, raschwüchsig, für die Fensterbank-Kultur nur bedingt geeignet

Pflegeansprüche bekannter Säulenkakteen	
Carnegiea	bedingt pflegeleicht, jüngere Exemplare in Zimmerkultur (nur eine Art *Carnegiea gigantea*), Gewächshaus empfehlenswert, behäbig wachsend, durchlässiges Substrat, mäßige Wassergaben
Cereus	pflegeleicht, auch auf der Fensterbank, nährstoffreiches und humoses Substrat, regelmäßige Wassergaben, im Winter nicht ganz trocken
Cleistocactus	pflegeleicht, warm und hell, nährstoffreiches Substrat, einige Arten mit Ruhezeit im Sommer (Juli bis August), gedeihen in den Herbst- und Wintermonaten
Echinocereus	pflegeleicht bis bedingt anspruchsvoll, lehmiges und leicht sandiges Substrat, warm, hell, bis zum Sommer regelmäßig wässern, vom Herbst bis zum Frühjahr trocken
Haageocereus	pflegeleicht, lehmige und sandige Erdmischung, gewissenhafte Bewässerung, im Sommer Ruhepause (trocken), im Winter nicht zu kalt
Myrtillocactus	pflegeleicht, viel Wärme, kräftige Wassergaben, heller Standort, im Winter recht warm
Pachycereus	bedingt pflegeleichte Arten, warmer und heller Standort, gut durchlässiges Substrat, auch auf der Fensterbank
Pilosocereus	bedingt pflegeleicht, warmer und heller Standort, ausreichende Bewässerung, im Winter warm
Trichocereus (Syn. *Echinopisis*)	pflegeleichte, robuste, für die Zimmerkultur geeignet, nährstoffreiche Erdmischung, warm und hell, regelmäßige Bewässerung

Carnegiea gigantea wird in seiner Heimat im Süden der USA bis zu 20 m hoch.

Trichocereus pasacanta in Argentinien.

Die Blüten von *Myrtillocactus geometrizans* sind für die Größe der Pflanze auffallend klein.

Die Kakteensammlung für Einsteiger

Für eine erfolgreiche Kultur und ein befriedigendes Hobby sollten einige Grundvoraussetzungen erfüllt sein. Bevor man sich Kakteen anschafft und eine Kakteensammlung aufbaut, ist es zunächst wichtig, sich folgende Fragen zu stellen:

- Welches **Platzangebot** möchte oder kann ich meiner (entstehenden) Sammlung einräumen?
  Dieser Punkt entscheidet in erheblichem Maße über die spätere mögliche Größe einer Kakteenkollektion und auch über die jeweils passende Wuchshöhe (oder -breite) einzelner Exemplare. Selbstverständlich können auf den Abmessungen einer Fensterbank keine allzu großen oder ausladend rankenden Kakteen untergebracht werden, wohingegen beispielsweise ein Wintergarten erheblich mehr Möglichkeiten bietet.
- Welche **Standorte** stehen mir zur Verfügung?
  Nicht alle Kakteen bevorzugen die gleichen Lichtverhältnisse. Einige Arten mögen einen eher halbschattigen Standort, andere sollten dafür sonnig stehen. Deshalb ist es wichtig, vor dem Kauf folgende Überlegungen anzustellen:
  - Kann bzw. möchte ich meinen Kakteen ein Süd-, ein Ost- oder ein Westfenster bieten?
  - Werde ich meine Pflanzen vollsonnig oder halbschattig oder gar im Freiland, Frühbeet oder Gewächshaus unterbringen?
- Welche **Zeit** und welches **Wissen** habe ich für meine Kakteen?
  Manche Pflanzen verlangen vom Pfleger eine eingehende Beschäftigung mit den Ansprüchen. Dahingegen kann eine kleine, aber feine Sammlung von ausschließlich schönen, blühwilligen und pflegeleichten Arten, beispielsweise mit Arten der Gattung Mammillaria, begonnen und sukzessive ausgebaut werden. Schwierig zu haltende Arten, derer es eine stattliche Anzahl gibt, sollte man nur dann in die Kollektion aufnehmen, wenn man über den notwendigen Standort verfügt und den Kakteen ein erhebliches Maß an Zeit widmen kann.

Kakteen kaufen

Kakteen sind heutzutage praktisch überall erhältlich, im Garten- und Baumarkt, beim Floristen, im Kaufhaus und zuweilen sogar an der Tankstelle. Es ist jedoch nicht zu empfehlen, Kakteen in solchen Geschäften zu kaufen, denn die Gewächse sind in den meisten Fällen in keinem guten Zustand. Die

Kakteen-Gärtnereien bieten ein reichhaltiges Angebot.

Kakteen werden von den Mitarbeitern falsch oder im schlimmsten Falle überhaupt nicht gepflegt. Gezielte Fragen zur Behandlung einer Pflanze oder zu den Anforderungen, die ein spezielles Gewächs an Standort und Kulturbedingungen stellt, können zumeist nicht befriedigend beantwortet werden. Außerdem ist die mangelnde oder äußerst missverständliche bis unkorrekte Kennzeichnung der Kakteen für viele Einsteiger ein Problem. Ein unidentifizierter Kaktus kann zu Hause nicht entsprechend seiner Ansprüche gepflegt werden. Von Fall zu Fall fällt es schwer, Kakteen zu bestimmten, manchmal gelingt es dem Anfänger gar nicht. Die erworbenen Pflanze hat demnach meist keine besonders lange Lebensdauer.

Aus diesen Gründen sollten Kakteen ausschließlich beim **Fachzüchter** besorgt werden, beispielsweise in spezialisierten Kakteengärtnereien. Dort werden die Pflanzen korrekt und gewissenhaft aufgezogen und gepflegt. Auch wird der Käufer vom speziell geschulten Personal fachkompetent beraten, Fragen können direkt gestellt, Probleme sofort gelöst werden.

Möchte man doch eine schöne Pflanze aus dem Supermarkt kaufen, so gibt es einige Punkte, die man sich vor Augen führen und prüfen sollte, damit sich daheim nicht irgendwann die große Enttäuschung einstellt:

Ein Kakteenbeet eines Sammlers bei künstlicher Beleuchtung.

- Kakteen aus Massenproduktionen, die für unseren Bereich vornehmlich aus den Niederlanden stammen, scheinen häufig in dem Augenblick zu blühen, in dem man sie entdeckt. Man sollte sich vergewissern, ob die vermeintlichen Blüten nicht vielleicht aus am Pflanzenkörper angeklebten oder gar aus eingesteckten unechten **Blüten**, also Attrappen, besteht. Das ist leider oft der Fall, und die Kakteen sind durch diese Maßnahme der Verkaufsförderung bereits geschwächt und bieten durch die künstlichen Blüten eine Angriffsfläche für Krankheitserreger.
- Die in großfloristischen Betrieben produzierten Kakteen werden meistens im Verbund mit allerlei anderen Pflanzen herangezogen und dementsprechend nicht sachgerecht gepflegt. Solche Kakteen sind daher oftmals von vornherein von **Schädlingen** befallen oder auf andere Weise mit Erkrankungen belastet.
- Viele solcher in großem Stil produzierten Kakteen stehen häufig über Monate in einfachem Zierpflanzensubstrat und werden vom achtlosen und laienhaften Hilfspersonal annähernd täglich gegossen. Die **Abwehrkraft** der Pflanzen ist in diesem Fall gänzlich geschwächt, auch leiden die Gewächse unter einer permanenten Staunässe, das Wurzelsystem somit unter Sauerstoffmangel. Folge: Die

Kakteen im Beet an einem sonnigen Standort.

Pflanze wird unweigerlich faulen. Möglicherweise kann der Kaktus zu Hause sofort in frische Erde gegeben und somit noch gerettet werden. Auch ist es einen Versuch wert, aus dem Exemplar Stecklinge zu gewinnen, die dann weiterkultiviert werden können. Ein guter Einstieg in die Beschäftigung mit Kaktusgewächsen ist ein solcher Kauf jedoch sicherlich nicht.

- Werden die Töpfe für die Kakteen zu klein und die Wurzeln entsprechend zu lang, ist es beim Personal vieler Gartencenter leider Usus, die überstehenden **Wurzelfasern** aus optischen Gründen einfach abzuschneiden oder auszureißen. Das ist freilich nicht immer und nicht in jedem Markt der Fall, wird aber zum Leidwesen des Käufers erfahrungsgemäß immer wieder so praktiziert. Man sollte also einen Kaktus (oder mehrere) in jedem Fall beim Fachhändler kaufen. Auch wenn ein solcher Einkauf meist auf Basis eines Bestellvorganges geschehen muss, wohingegen man im Blumenmarkt die Pflanzen gleich mitnehmen kann. Die investierte Wartezeit lohnt sich aber in jedem Fall.

Pflanzen aus der Natur?

Sollte man auf die Idee kommen, z. B. während eines Amerika-Aufenthaltes Kakteen aus ihrem natürlichen Lebensraum zu entfernen und als Souvenir mit nach Hause zu nehmen, so muss dabei Folgendes dringend bedacht werden: Die wild vorkommenden Arten unterstehen **streng reglementierten Naturschutzgesetzen**, viele Pflanzen sind aufgrund des zunehmenden Raubbaus am ökologischen System vom Aussterben bedroht. Die widerrechtliche Aneignung minimiert in immensem Maße die Population der Kakteen, auch wenn man als Einzelperson durchaus dem Irrtum unterliegen kann, dass das Ausgraben von nur einem Gewächs das Vorkommen einer Art nicht gefährden könne. Eben jene Einstellung der Menschen hat mit botanischer Liebhaberei nichts zu tun und hat beispielsweise bereits zur radikalen Dezimierung der Orchideenflora in Deutschland und anderen Ländern geführt. Genauso verhält es sich mit den Kakteen. Die organisierten Pflanzenräuber tun ihr Übriges, um nur für begeisterte Touristen den Wildpflanzenbestand auf Dauer zu dezimieren. Gewächse, die aus ihrer Heimat entführt und den Lebensbedingungen ihres natürlichen Standortes entrissen wurden, überleben bei uns in aller Regel nicht lang. Außerdem wird eigens für die Heimkultur eine beträchtliche Menge an Kakteen, Orchideen und anderen Pflanzen von Spezialisten vermehrt und gezüchtet, sodass der – im übrigen unter schwerer Strafe stehende – Raub von Wildgewächsen völlig überflüssig ist.

Geeignete Standorte

Der Standort und das Gefäß der Kakteen sind von großer Bedeutung für den Erfolg der Kakteensammlung. Natürlich bewohnen die Kaktusgewächse in ihrer Heimat individuelle Standorte und benötigen daher verschiedene Vegetationsverhältnisse. Wer hier gezo-

In einer geschützen Ecke fühlen sich Kakteen auch im Freien wohl.

Viele Kakteen gedeihen besonders gut im Gewächshaus.

gene, anspruchslose Pflanzen zu Hause auf dem Fensterbrett pflegen mag, der kann einige Faustregeln bezüglich des bevorzugten Standortes auf praktisch alle Kulturkakteen anwenden:

- Werden die Pflanzen in der **Wohnung** gehalten, sind ein Süd-, ein Ost- oder ein Westfenster die besten Plätze für die Sammlung. Nordfenster sind gar nicht geeignet, da sie so gut wie kein Sonnenlicht bieten.
- Die Kakteen sollten direkt auf der **Fensterbank** stehen, da es den Pflanzen mitten im Raum wegen des meist unzureichenden schlechteren Lichtangebots schlecht gehen könnte. Ausnahmen sind natürlich möglich, z. B. wenn der Raum sehr hell ist und vornehmlich epiphytische Kakteen gehalten werden, die die volle Sonne nicht vertragen.
- Die Kakteen sollten nicht permanenter **Zugluft** ausgesetzt sein und so am Fenster stehen, dass das Sonnenlicht nur indirekt auf sie einfällt, sie also nicht voll trifft. Direktes Sonnenlicht kann jüngere, noch nicht besonders resistente Pflanzen beschädigen. Auch größere und eingewöhnte Kakteen können jedoch nach dem Besprühen mit Wasser (siehe S. 74) oder unmittelbar nach der Winterruhe in vollsonnigem und aggressivem Licht Schaden nehmen.
- Für eine optimale Atmungsaktivität und die dafür notwendige Kohlendi-

oxydversorgung sollte auf die regelmäßige Zufuhr von genügend **Frischluft** geachtet werden. Kakteen lieben in den meisten Fällen eine hohe Umgebungstemperatur.

- Im **Garten** sollten Kakteen – je nach Art und Anspruch – an einen sonnigen bis halbschattigen Platz gestellt werden. Für einen adäquaten Gasaustausch sorgt bei einer Freilandkultur die Natur.

Frühbeet und Gewächshaus

Ein Frühbeet bietet dem Pflanzenfreund und Gärtner viele Vorteile. Auch Kakteen können darin gehalten werden und damit die Vorzüge des puren Sonnenlichts genießen, sind aber nicht den mitunter ungünstigen Einflüssen des Wetters ausgesetzt. Ist das Frühbeet mit einem Heizlüfter ausgestattet, können manche nicht frostharten Arten zudem darin über den Winter gebracht werden. Das Frühbeet darf keinerlei Spalten und keine Schlitze zwischen Deckel und Kasten aufweisen. Die Abdeckung sollte in jedem Fall ausreichend isoliert sein, dann können Regen, Wind, Raureif und Schnee nicht in den Kasten eindringen – die Kakteen sind geschützt. Das Frühbeet sollte in sonnenreichen Zeiten ausreichend belüftet werden. Manche Frühbeete können automatisch den Deckel des Kastens anzuheben. Fehlt die notwendige Luftzirkulation, werden die Pflanzen verbrennen oder unter der anhaltenden Luftfeuchtigkeit leiden.

Mein Tipp für Sie

Tipp

Ein einfaches **Frühbeet** lässt sich recht simpel **selber zusammenbauen**. Als Grundlage dient für diesen Zweck eine großflächige Kiste aus Holz, Blech oder Plastik. Ein mit Plexiglas oder dicker Klarsichtfolie bespannter Rahmen kann als Oberteil des Beetes, also als zu öffnender Deckel, Verwendung finden. Um das Ablaufen von Regenwasser von der Oberfläche des Frühbeets zu fördern, sollte der Deckel des Kastens zudem eine Schräge aufweisen, also in einem Winkel von etwa 45 Grad abschüssig installiert sein.

Das Gewächshaus

Schwierig zu haltende Arten bringt man am besten im Gewächshaus unter. Neben der regulierbaren Luftfeuchtigkeit und der intensivierten Sonneneinstrahlung haben die Kakteen hier ein optimales Platzangebot. Kleinere, aber nicht für alle Zwecke nutzbare Gewächshäuser gibt es schon ab etwa 350 € im Baumarkt. Diese genügen den Ansprüchen eines erfahrenen Zierpflanzensammlers mit einer großen Kollektion von Gewächsen meist nicht. Steht man aber erst am Anfang der Kakteensammlung, so können kleine bauliche Eingriffe die Verhältnisse verbessern. Die Plattenelemente eines günstigen Gewächshauses können zur Stabilisierung und Isolation mit Kautschuk oder handelsüblichem Fugenfüller isoliert werden. Größere und belastungsfähigere Gewächshäuser werden ab etwa 2500 € vom Fachhandel angeboten.

Auf einer Fensterbank finden verschiedene kleine Kakteen, hier in Gesellschaft einer Madagaskarpalme, genügend Platz.

Gestalten mit Kakteen

Kakteen bieten in den unterschiedlichsten Bereichen interessante Gestaltungsmöglichkeiten.

Im Wohnbereich

Wohnzimmer Grundsätzlich ist das Wohnzimmer der wohl beliebteste Raum für eine Kakteensammlung. Das Fensterbrett und in Lichtnähe installierte Regale, Vitrinen, Kommoden und Ampelgefäße sichern ein ausreichendes Platzangebot für überschaubare und ansprechende Kollektionen der Pflanzen. Besonders starkwüchsige Exemplare, z. B. hohe Säulenkakteen, lassen sich gut in der Ecke eines Zimmers auf den Fußboden stellen. Idealerweise wählt man in diesem Fall als Standort einen fensternahen Platz. Kleinere und weniger bedornte Kakteen, an denen man sich nicht so leicht verletzt, können in einem hellen Raum ebenso gut auf dem Wohnzimmer- oder Esstisch zur Geltung kommen. So ist die Komposition einer formschönen Schale mit einer bunten Mischung blühwilliger Miniaturkakteen reizvoll und vermittelt ein exotisches Flair.

Küche und Bad Im Grunde gelten für Kakteen in Küche und Bad die gleichen Grundsätze. Ein Fensterplatz ist für die meisten Arten geeignet. Gerade Ampelpflanzen können mit wenig Aufwand eine gemütliche Atmosphäre schaffen. Nur sollte in kleineren Küchen und Bädern darauf geachtet werden, möglichst Pflanzen auszuwählen, die von Natur aus eine erhöhte Luftfeuchtigkeit verlangen, da in beiden Räumen häufig heißes Wasser verdunstet und das Klima deshalb von dem des Wohnzimmers abweicht.

Wintergarten Die Möglichkeiten im Wintergarten sind schier unbegrenzt. Allein die Größe der Räumlichkeit ist entscheidend, welchen Umfang eine Kakteensammlung annehmen darf. Die großzügigen Fensterfronten und die allgemeine Helligkeit eines Wintergartens erlauben die Kultur der verschiedensten Gewächse. So können größere und rankende Exemplare im Kübel ebenso gehalten werden wie ein großflächigeres Arrangement kleinerer Kakteen.

Kakteen im Büro Mit Kakteen gelingt es leicht, den Arbeitsplatz zu verschönern. Im Allgemeinen sieht man in Büroräumen häufig sukkulente Pflanzen. Das liegt an deren relativer Anspruchslosigkeit. Zu den beliebten Euphorbien, *Crassula*-Arten (besonders populär: der Geldbaum, *Crassula ovata*) und anderen Gewächsen können nun in stilvoller Weise eine Handvoll Kakteen gesellt werden. Eine Gruppe von dornenlosen Astrophyten, bunt blühenden *Schlumbergera*- oder hängenden *Hatiora*-Arten bereichert den Schreibtisch oder die Fensterbank.

Auf Balkon und Terrasse, im Garten und im Hof

Kakteen in Kübeln und Schalen Die Zierpflanzen im Außenbereich eines Hauses oder einer Wohnung steigern die Lebensqualität um ein Vielfaches. Dem frühjährlichen und sommerlichen Meer aus Blüten setzen viele Menschen die eher einfache und rustikale Schönheit von mächtigen Grünpflanzen entgegen und gestalten mit Agaven, Yucca-Palmen und Bananestauden eine Vielfalt, die zum Verweilen einlädt. Kombinationen mit kräftigen Kakteen in fülligen Keramik-Kübeln, z. B. bepflanzt mit *Epiphyllum*-, *Opuntia*- und *Cereus*-Arten, vermitteln ein mediterranes Ambiente.

Kakteenbeete Ein Gefühl von Urlaub kann auf dem eigenen Grundstück ganzjährig realisiert werden. So ist eine Auswahl winterharter Kakteen im Beet durchaus geeignet, den Garten in ein kleines exotisches Paradies zu verwandeln. Gerade im Zusammenspiel mit anderen Sukkulenten, aber auch mit immergrünen Bäumen – beispielsweise Buchsbaum, Scheinzypresse oder Eibe –, vermitteln Freilandkakteen mitunter ein Bild, wie man es aus südländischen Gebieten kennt.

Die Umgebung: Luft und Licht

Pflanzen benötigen wie alle Lebewesen **Sauerstoff**. Dabei produzieren die grünen Pflanzen mit ihrem grünen Farbstoff Chlorophyll durch die so genannte Photosynthese dieses Gas selbstständig. Dennoch müssen unsere Kakteen in der Heimkultur für ein optimales Wuchsverhalten und Gedeihen mit ausreichender Frischluft versorgt werden. Über längere Zeiträume einströmende Zugluft sollte allerdings bei den meisten Arten vermieden werden. Kann man dies gewährleisten – was wegen der regelmäßigen Frischluftzufuhr unter anderem voraussetzt, dass die Fensterbank nicht zu sehr mit Pflanzen bestückt ist – werden sich die Exemplare gut entfalten.

Pflegeleichte Kakteen gedeihen hinter der Fensterscheibe gut. Dieser Standort bietet den Vorteil einer durch die Sonne regulierten Thermik. Das ist für viele Arten genau das Richtige. Einige Arten jedoch lassen sich am Fenster schwer bis gar nicht halten, beispielsweise die der Gattung *Ariocarpus*, die eher die klimatischen Bedingungen eines Gewächshauses verlangen. Nicht nur regelmäßiges Lüften ist für die Pflanzen wichtig, sondern – gerade bei den Kakteen – die **Lichtintensität**, mit der die einzelnen Arten bedacht werden. Es gibt Kakteen, typische Wüstenbewohner oder montane Pflanzen, die möglichst viel volle Sonne verlangen und solche, die aus tropischen Verhältnissen kommen und eher halbschattig untergebracht werden sollten.

Kakteen unter Kunstlicht

Manche Pflanzenfreunde betreiben im Keller eine Kunstlichtanlage, unter der sie ihre Sammlung hegen und pflegen. Die dafür notwendigen Lampen- und Lüftungssysteme sind zum einen recht teuer und verbrauchen andererseits eine unglaubliche Menge an Strom. Kleinwüchsige Kakteen können mit diesen Systemen zwar grundsätzlich gehalten werden, es ist aber nicht gerade optimal. Die Pflanzen werden mithilfe jener Technik nicht so gedeihen, wie man es erwartet. Für Kunstlichtlösungen sollte man sich deshalb tatsächlich nur entscheiden, wenn beengte Wohnverhältnisse dies erfordern. Wenn man sich dennoch für diese Art der Pflanzenpflege entscheidet, muss man sich wegen der vielfältigen Angebote auf dem Sektor Kunstlicht bereits im Vorfeld intensiv mit der Thematik auseinandersetzen. Ein Einsteigersystem, das es bereits ab etwa 70 € gibt, umfasst gerade eine (meist nicht besonders leistungsfähige) Lampe. Mehr als 3–4 Kakteen können unter einem solchen Anfängerset nicht gepflegt werden.

Wieso gibt es dann überhaupt solche Systeme? Kunstlichtanlagen werden normalerweise hauptsächlich von professionellen Züchtern eingesetzt, z. B. zur Anzucht von Stecklingen und Keimlingen oder aufgrund der künstlich verlängerbaren Tageslichtzufuhr zur Manipulation der Blütezeit.

Das richtige Gefäß

Der Topf ist das primäre Zuhause fast aller Zimmerpflanzen. Daher ist die Wahl des richtigen Materials wichtig. Prinzipiell bieten sich uns zwei Varianten an: der Ton- und der Plastiktopf. **Tontöpfe** sehen zwar schön aus und können deshalb mit einem Untersetzers sogar ohne Übertopf auf der Fensterbank stehen. Dennoch ist es ratsam, für unsere Kakteen Topfmaterial aus **Plastik** zu verwenden. Das Wurzelwerk der Pflanzen drängt sich mit der Zeit in einem Tontopf an einer Stelle der Gefäßinnenwand dicht zusammen und haftet an dieser. Beim Umtopfen müssen die empfindlichen Wurzelfasern vom Tonmaterial abgerissen oder -geschnitten werden, was der Pflanze nicht gut tut. Plastiktöpfe bieten hier die wesentlich bessere Alternative. Das Wurzelwerk breitet sich in diesen gleichmäßig im Substrat aus und klebt nicht im Topfinneren fest. Aus optischen Gründen stellen die meisten Pflanzenfreunde ihre Schützlinge zusätzlich in Übertöpfe, obwohl natürlich auch bei der Verwendung von Plastikmaterial Untersetzer zum Auffangen des aus den Bodenlöchern ablaufenden Gießwasser-Überschusses ausreichend wären.

Spezielle Bedürfnisse: Substrat für Kakteen

Kakteen lassen sich am besten auf einem individuellen Substrat bzw. einem Erdgemisch pflegen, das den charakteristischen Bedürfnissen der jeweiligen Pflanzen Rechnung trägt. Zu diesem Zweck empfiehlt es sich, das Kaktussubstrat selbst zu mischen.

Mein Tipp für Sie

Tipp

Die folgende **Erdmischung** ist für viele Kakteengewächse verträglich:

- 4 Teile Spezial-Kakteenerde mit hohem Bimskies-Anteil
- 2 Teile Spielsand (Bausand ist gänzlich ungeeignet, da er zu hohe Kalkanteile aufweist)
- 2 Teile Lauberde
- 1 Teil feinkörniger, gewaschener Aquarienkies
- wenig Kokosfaser

Diese Komposition tut einem Großteil der Kaktuspflanzen gut, auch wenn die Mixtur nicht pauschal bei allen Kakteen verwendet werden kann. Ein *Ariocarpus* z. B. würde in diesem Substrat auf Dauer nicht besonders gesund leben. Im Abschnitt „Pflegeleichte Arten für Einsteiger“ (siehe Seite XX) kann man sich über die individuellen Bedürfnisse der Kakteenarten informieren. Die Anforderungen von schwierigeren Arten erfährt man aus spezieller Literatur oder über einen Fachmann aus der Kakteengärtnerei.

Die Substrate kann man mit interessanten und wertvollen Zuschlagstoffen aus dem Garten- und Pflanzenhandel, beispielsweise Perlite, Blähton, Lauberde, Sphagnum-Moos, Lehm, Lavalit, Granitgrus, Bims, Blähschiefer, Bentonit, verbessern.

Kunstgriff Dränage

Die Dränage ist für die nässeempfindlichen Wurzeln der meisten Kakteen von erheblicher Bedeutung. Gießwasserüberschüsse können gut ablaufen, wenn der Kaktus durch den Einsatz von Tonscherben oder groberem Kies gut dräniert ist. Das ist wichtig für die Atmungsaktivität des Wurzelsystems. Bleibt die Kakteenerde über längere Zeiträume nass, verhindert dies die notwendige Zufuhr von Sauerstoff. Die Wurzeln beginnen zu faulen, die Pflanze wird absterben.

Pflegeleichte Arten für Einsteiger von A bis Z

Im Folgenden findet sich eine Auswahl von empfehlenswerten Arten. Selbstverständlich existieren viel mehr Gattungen und Arten dieser Gruppen, die auch von Einsteigern gut kultiviert werden können. Wenn man mit der Zeit als Kaktuspfleger einige Erfahrungen gesammelt hat, wird sich auch das Wissen um die verschiedenen Pflanzen verdichten. Man wird bald in der Lage sein, selbst zu bewerten, welche Arten im in-

Aporocactus flagelliformis bildet Blüten, die bis zu 10 cm lang werden.

dividuellen Umfeld der eigenen Wohnung gedeihen und welche man lieber meiden sollte. Unter Umständen verhalten sich manche Gewächse sogar vermeintlich widersprüchlich zu den hier aufgeführten Angaben. Das Verhalten von Lebewesen, gerade in Kultur und den damit einhergehenden verschiedenen Lebenssituationen, lässt sich nicht immer in ein Schema zwängen.

Auch wenn sich die Standortangaben bei vielen der dargestellten Pflanzen ähneln, sollten sie immer berücksichtigt werden. Grundsätzlich können die Kakteen während des Sommers auf dem Balkon, der Terrasse oder an einem an-

Mein Tipp für Sie

Tipp

Um eine sinnvolle **Dränage** in den Topf einzubringen, können Sie am Grunde einige kleinere Scherben verteilen, beispielsweise solche eines gebrochenen Tontopfes. Auf diese Schicht häufen Sie eine ausreichende Menge groben Aquarien-Kies und erst dann eine Lage Substrat, auf die dann der Kaktus mitsamt der restlichen Erde gesetzt wird.

deren geeigneten Platz im Garten gepflegt werden. Für die meisten Arten bedeutet dies eine wesentliche Erleichterung, z. B. wegen der ausgeglicheneren Belüftungsverhältnisse. Die Gewächse werden draußen regelrecht abgehärtet. Bei besonders kleinwüchsigen Pflanzen sollte jedoch unbedingt ein Ort gewählt werden, der den Kakteen ausreichenden Schutz bietet. So fallen Minikakteen in kleinen Töpfen bei stärkeren Winden leicht um oder werden in alle Himmelsrichtungen verweht. Abhilfe schafft in einem solchen Fall beispielsweise ein größeres Gefäß, indem kleinen Gewächse samt Töpfchen aufgestellt werden.

Aporocactus flagelliformis Peitschenkaktus

Aussehen: Der Peitschen- oder Schlangenkaktus ist ein verzweigender Epiphyt mit hängender Wuchsform. Er bildet bis zu 1,50 m lange Triebe mit bis zu 13 Rippen sowie ein Luftwurzelsystem aus. Die rosafarbenen oder roten Blüten erscheinen im Frühjahr und öffnen sich tagsüber. Die Dornen sind zunächst rötlich, später braun. Die ver-

wandte Art *Aporocactus flagriformis* ähnelt der *flagelliformis*, zeichnet sich durch dickere Rippen (7–10 Stück) und eine meist längere dunkelrosafarbene, violettrandige Blüte aus.
Heimat: Mexiko
Standort: halbschattig, möglichst luftig
Pflege: *Aporocactus* benötigt ein durchlässiges, humusreiches Substrat und mag eine relativ hohe Luftfeuchtigkeit. Diese kann man dem Kaktus nicht immer bieten, was allerdings für die Heimkultur keine weiteren Nachteile mit sich bringt. Die Pflanze sollte regelmäßig gegossen und gedüngt werden. Im Winter nach Möglichkeit nicht unter 12 °C halten, obwohl durchaus auch Temperaturen von etwa 8 °C überlebt werden können. Ein heller Standort und mäßige Bewässerung sind auch während der Überwinterung gewünscht.
Vermehrung: Aussaat oder Stecklinge
Weitere empfehlenswerte Art:
Aporocactus flagriformis

Die Bischofsmütze, *Astrophytum myriostigma*, hat nur selten Dornen.

Astrophytum myriostigma Bischofsmütze

Aussehen: *Astrophytum* ist ein kugeliger, im Alter zylindrischer Kaktus, der von Fall zu Fall eine Wuchshöhe von bis zu 60 cm erreichen kann. Er bildet zumeist 5, gelegentlich aber auch bis 8 (10) Rippen aus und trägt die charakteristischen strahligen weißen Flöckchen auf dem gesamten Körper. *Astrophytum myriostigma* trägt in Reinform Areolen (siehe Seite 113) mit fehlenden Dornen. Die 4–6 cm lange und glänzende Blüte ist (hell-)gelb und erscheint im Sommer. Von der Bischofsmütze existieren zahlreiche Varietäten bzw. Zuchtformen.

Heimat: Mexiko
Standort: sonnig bis ausnahmsweise halbschattig, unbedingt warm und hell
Pflege: Die Bischofsmütze benötigt ein mineralisches, durchlässiges und lehmreiches Substrat. Sinnvoll ist ein Zuschlag von Gips. Nur mäßig, aber ausreichend gießen und düngen (mit dem Finger oder einem Feuchtigkeitsmesser regelmäßig die Erde kontrollieren). In der Überwinterung hell und trocken, nicht unter 10 °C, besser bei etwa 12 °C halten.
Vermehrung: Aussaat
Weitere empfehlenswerte Arten:
Astrophytum asterias, Astrophytum capricorne, Astrophytum ornatum

Carnegiea gigantea mit einer ausgeprägten Cristat-Bildung.

Carnegiea gigantea Westernkaktus

Aussehen: Der Western- oder Saguarokaktus aus der monotypischen Gattung *Carnegiea* ist eine 1–15 m hohe Pflanze mit bis zu 30 stumpfen, dunkelgrünen Rippen (1–3 cm hoch). Der Kaktus verzweigt sich in der Mitte kandelaberartig mit bis zu 65 cm dicken Trieben. Die Dornen (12–16 strahlenförmig angeordnete Rand- und 3–6 Mitteldornen) sind zunächst dunkelgelb bis bräunlich, dann von grauer Farbe. Die gegen Anfang des Sommers erscheinende, bis 12 cm lange Blüte ist weiß, außen grünlich. Die Ausmaße, die dieser Säulenkaktus in seiner Heimat erreicht, können in Kultur selbstverständlich nicht erwartet werden. Überhaupt ist *Carnegiea gigantea* nur selten Objekt einer hiesigen Kakteensammlung. Jungpflanzen können aber dennoch mit Erfolg auch bei uns gepflegt werden. Manche Exemplare des Kaktus neigen zur Cristaten-Bildung (siehe Seite 113).
Heimat: Mexiko (Sonorawüste), USA (Südost-Kalifornien, Arizona)
Standort: sonnig und warm
Pflege: Der extrem langsamwüchsige Saguarokaktus benötigt ein durchlässiges, leicht kalkiges Substrat. Ein Sand-

zuschlag ist vorteilhaft. Die Pflanze wird mäßig gegossen und gedüngt. In der Überwinterung wird *Carnegiea gigantea* bei etwa 8–10 °C hell und trocken gehalten.
Vermehrung: Aussaat

Cephalocereus senilis Greisenhaupt

Aussehen: Das Greisenhaupt wird in der Natur bis zu 15 m hoch, auf der Fensterbank schafft das langsamwüchsige Gewächs aber nur 1 m. Die Pflanze wächst säulig, zumeist unverzweigt und hat anfangs 10–15 grüne, an natürlichem Standort im Alter bis zu 30 graugrüne Rippen. Die weißen Borstenhaare, die für den Trivialnamen Greisenhaupt verantwortlich sind, umspinnen den gesamten Körper des Kaktus und damit auch die bis zu 30 weißen Randstacheln und die bis zu 5 gelbli-

Der auffallende Borstenschopf gab dem Greisenhaupt, *Cephalocereus senilis*, seinen Namen.

chen oder grauen Mittelstacheln. In fortgeschrittenem Alter (ab etwa 6 m Wuchshöhe) bildet *Cephalocereus senilis* ein Cephalium (einen Borstenschopf) aus, dem dann im Sommer auch der weiß-gelbliche, nachtblühende Flor entspringt.
Heimat: Mexiko
Standort: sonnig und warm
Pflege: Das Greisenhaupt benötigt ein durchlässiges und leicht kalkiges Substrat und nur mäßige Wassergaben. Während der Überwinterungsperiode sollte die Pflanze hell untergebracht sein und bei Temperaturen von 10–15 °C nicht ganz trocken gehalten werden.
Vermehrung: Aussaat oder Kopfsteckling

Cereus-Arten
Wachsfackelkaktus

Aussehen: Die 34 Arten der Gattung *Cereus* sind bis zu 25 m hohe Säulenkakteen mit 3–12 Rippen und bis zu 30 cm langen und weißen oder roten nachtblühenden Blüten. Die Dornen der verschiedenen Arten sind variabel und unterschiedlich. Beliebte und leicht kultivierbare Arten sind z. B. *Cereus peruvianus* und *Cereus jamacaru*, von denen häufig Monstrose-Formen im Handel erhältlich sind. Früher wurden alle säulig wachsenden Kakteen zu *Cereus* gestellt, u. a. auch die oben beschriebenen Gattungen *Carnegiea* und *Cephalocereus*.
Heimat: Südamerika
Standort: sonnig bis halbschattig, warm und hell
Pflege: *Cereus*-Arten benötigen ein nährstoffreiches, humoses Substrat und regelmäßige ausreichende Bewässerung. Nicht übertriebene Düngergaben sind den Arten willkommen. In der Überwinterung sollten die Kakteen bei etwa 10 °C untergebracht und ab und zu leicht gegossen werden.
Vermehrung: Aussaat oder Kopfsteckling
Weitere empfehlenswerte Arten: *Cereus jamacaru*, *Cereus hildmannianus*, *Cereus peruvianus*. Besonders schön sind die Monstrose-Formen, die es von allen drei empfohlenen Arten gibt.

Die Kultur von *Cereus peruvianus* gelingt leicht zu Hause.

Cleistocactus strausii
Silberkerze

Aussehen: *Cleistocactus strausii* ist 1–3 m hoher, verzweigender Säulen-

In Kultur blüht der Schwiegermuttersessel, *Echinocactus grusonii*, nur selten (rechts).

Cleistocactus strausii bildet erst Blüten, wenn er ungefähr 1 m hoch ist (unten).

kaktus mit bis zu 30 Rippen und auffälligen weißen Dornen. Die 4 Mitteldornen sind von hellgelber Farbe, die im Sommer seitlich erscheinenden roten Blüten sind bis 9 cm lang. In Kultur sieht man eine Silberkerze nur selten Flor tragen, da die Gewächse erst ab etwa 1 m Wuchshöhe zu blühen beginnen.
Heimat: Bolivien, Nord-Argentinien
Standort: sonnig und warm
Pflege: *Cleistocactus strausii* benötigt ein durchlässiges, leicht humoses Substrat und mäßige Wasser- sowie zurückhaltende Düngergaben. Im Winter darf der Kaktus ruhig ganz trocken gehalten werden, niedrige Temperaturen machen der Pflanze nichts aus.
Vermehrung: Aussaat oder Kopfsteckling
Weitere empfehlenswerte Arten: *Cleistocactus ritteri, Cleistocactus viridiflorus*

Echinocactus grusonii
Schwiegermuttersessel

Aussehen: Diese wahrscheinlich bekannteste aller Kugelkaktus-Arten wird bis über 1 m hoch und bis etwa 80 cm breit. Er trägt starke, weiße bis goldgelbe Dornen (die in der Jugend oftmals leicht rötlich sind) und hat bis etwa 30 scharfkantige Rippen. Die gelben, bis zu 6 cm langen Blüten sind von gelber bis bräunlicher Farbe und erscheinen im Sommer, in Kultur aber nur außerordentlich selten.
Heimat: Mexiko
Standort: sonnig und warm

Die Blüten von *Echinocereus triglochidiatus* bleiben mehrere Tage geöffnet.

Pflege: Der Schwiegermuttersessel benötigt ein durchlässiges Substrat und mäßige Wasser- und Düngergaben. In der Überwinterung sollte man den Kaktus mit sparsamen Bewässerungen pflegen und nicht unter 10 °C halten.
Vermehrung: Aussaat
Weitere empfehlenswerte Art: *Echinocactus platyacanthus*

Echinocereus triglochidiatus Igel-Säulenkaktus

Aussehen: *Echinocereus triglochidiatus* ist ein bis zu 25 cm hoher, zylindrisch wachsender Kaktus mit 6–10 Rippen. Die stark sprossende Pflanze trägt graue bis weißlich graue Dornen (Mitteldornen 0–5, Randdornen 3–8) und kräftig rote, bis 8 cm lange Blüten, die im Sommer erscheinen. Innerhalb der Arten werden Varietäten unterschieden, z. B. *Echinocereus triglochidiatus* var. *melanacanthus*, der unter anderem anhand der differenten Dornenfarbe (Mitteldornen gelb-rot bis dunkelgrau, Randdornen weiß) und des gelbschlundigen Flors von der Stammform abgegrenzt werden kann.
Heimat: USA
Standort: sonnig und warm
Pflege: *Echinocereus triglochidiatus* benötigt ein durchlässiges, leicht humoses und nährstoffreiches Substrat. Ein Zuschlag von Sand ist vorteilhaft. Die Pflanzen mögen im Frühsommer eine regelmäßige und ausreichende, im Spätsommer und Herbst eine etwas sparsamere Bewässerung. Dünger sollte von Zeit zu Zeit gegeben werden, jedoch nicht übermäßig. In der Überwinterung möchte der Kaktus trocken, hell und bei 8–10 °C gehalten werden. *Echinocereus triglochidiatus* ist jedoch nicht besonders kälteempfindlich und übersteht sogar leichte Fröste.
Vermehrung: Aussaat, Spross- oder Kopfsteckling
Weitere empfehlenswerte Art: *Echinocereus salm-dyckianus*

Echinofossulocactus-Arten (heute auch unter dem Gattungsnamen Stenocactus zu finden) Lamellenkaktus

Aussehen: Die Lamellenkakteen wachsen kugelig und fallen vor allem durch ihre gewellten und dünnen Rippen auf. Die etwa 10 Arten dieser Gattung werden maximal bis zu 15 cm breit und sind untereinander in ihrer Bedornung (Größe, Farbe, Anzahl) sehr variabel. Sie tragen bis zu 4 cm lange weiße, gelbe, gelblich weiße, grünlich weiße, rosafarbene oder rote Blüten, oftmals mit violetter oder purpurner Mittelbestreifung und/oder Mitte. Die Blütezeit der Arten liegt im Frühjahr.
Heimat: Mexiko
Standort: nicht in der direkten Sonne, aber hell
Pflege: Echinofossulokakteen benöti-

Echinofossulocactus überwintert recht trocken und kühl.

gen ein durchlässiges, humoses Substrat. Ein Sandzuschlag ist vorteilhaft. Die Pflanzen wollen regelmäßig reichlich gewässert werden, auch tun ihnen Düngergaben von Zeit zu Zeit gut. Entgegen der Angaben vieler Kakteenbücher, hält man die Arten in der Überwinterung recht trocken, kühl (8 bis 10 °C) und hell.
Vermehrung: Aussaat
Weitere empfehlenswerte Arten: *Echinofossulocactus lamellosus, Echinofossulocactus multicostatus, Echinofossulocactus tricuspidatus*

Echinopsis tubiflora
Seeigelkaktus

Aussehen: Der Kaktus wird bis etwa 70 cm hoch und wächst zunächst kugelig, später säulenförmig und sprossend. Er hat bis zu 12 Rippen, grau-weiße bis braune Dornen (Randdornen 7–9, Mitteldornen 1–3) und langgestielte, bis etwa 25 cm lange Blüten von weißer (und äußerlich grünlicher) Farbe, die nachts erscheinen.
Heimat: Südamerika (Argentinien)
Standort: nicht vollsonnig, aber hell, auch Halbschatten
Pflege: *Echinopsis tubiflora* benötigt ein durchlässiges, humoses Substrat und eine regelmäßige gute Bewässerung und Düngung. Während der Überwinterung darf die Pflanze nicht unter 6 °C stehen und nicht komplett trocken gehalten werden.
Vermehrung: Aussaat oder Spross-Steckling
Weitere empfehlenswerte Arten: *Echinopsis eyriesii, Echinopsis leucantha, Echinopsis tubiflora.* Die Gattung unterlag einer Vielzahl an systematischen Änderungen. Ursprünglich waren Echinopsen vor allem an ihrer eher kugeligen Gestalt zu erkennen. Im Laufe der Zeit jedoch wurde eine ganze Reihe anderer Gattungen zu *Echinopsis* gestellt, die von dieser Gestalt nur wenig bis gar nichts haben. So sehen manche Botaniker u. a. die Gattungen *Lobivia, Helianthocereus, Pseudolobivia, Soehrensia* und *Trichocereus* als zu den Echinopsen gehörend.

Eriocereus bonplandii
Wollcereus

Aussehen: Der Wollcereus *Eriocereus bonplandii* hat kletternde oder nieder-

liegende, bis zu 3 m lange, bis 8 cm dicke Triebe und bis zu 7 Rippen mit auffälligen, zunächst rötlichen, im Alter grauen Dornen (bis 10 pro Areole, werden etwa 4 cm lang). Die innerlich weiße, äußerlich grünlich braunen, bis 25 cm langen Blüten erscheinen nachts.
Heimat: Südamerika (Argentinien, Brasilien, Paraguay)
Standort: sonnig und warm
Pflege: Dieser Kaktus ist sehr pflegeleicht. Er gedeiht in handelsüblicher Kakteenerde, hat durch seine langen Triebe allerdings einen recht großen Platzanspruch. Kletternde Triebe können mit einer Rankhilfe abgestützt werden, Während der Vegetationsperiode sollte die Pflanze gut gewässert werden, auch gelegentliche Düngergaben sind sinnvoll. In Überwinterung möglichst nicht unter 10–12 °C halten und gelegentlich sehr mäßig („tröpfchenweise") gießen.
Vermehrung: Aussaat oder Kopfsteckling
Weitere empfehlenswerte Art: *Eriocereus jusbertii*

Espostoa lanata Wollkaktus, Haarkerzenkaktus

Aussehen: *Espostoa lanata* ist ein säulig, zuweilen kandelaberartig wachsender Kaktus, der in seiner Heimat bis zu 4 m Wuchshöhe erreicht. Er hat bis zu 20 Rippen, die Dornen (Randdornen: bis 12 von weiß-gelblicher oder rötlicher Farbe, Mitteldornen: bis 2 rote) treten aus einer weißen Haarpracht hervor. Die nachtblühenden, weißen (manchmal grünlich angehauchten) Blüten erscheinen im Sommer aus einem so genannten Rinnencephalium (also einem seitlich am Kaktuskörper stehenden Cephalium) und werden bis zu 6 cm lang. In Kultur trägt diese Pflanze nur sehr selten Blüten.

Ferocactus glaucescens darf im Winter nicht unter 8°C stehen.

Heimat: Südamerika (Peru)
Standort: sonnig
Pflege: *Espostoa lanata* benötigt ein durchlässiges, leicht lehmiges Substrat und mäßige Wassergaben und Düngungen. Er sollte während der Vegetations-

periode nie ganz trocken stehen. In der Überwinterung wird der Wollkaktus fast trocken, hell und nicht unter 10 °C gehalten.
Vermehrung: Aussaat oder Kopfsteckling
Weitere empfehlenswerte Art: *Espostoa melanostele*

Ferocactus-Arten
Fasskaktus

Aussehen: Die 23 Arten der Gattung *Ferocactus* wachsen kugelig, mit zunehmendem Alter jedoch gestaucht säulig – sie sehen dann mitunter aus wie ein Fass (daher der deutsche Name). Die Pflanzen sind äußerlich recht vielgestaltig (je nach Arten 10–40 Rippen, unterschiedliche Größe und Dornen: mal gerade, mal gebogen, in gelb, weißlich, grau, rot, braun), lassen sich für das geübte Auge aber gut an den gelben, grünlich gelben, orange- oder rosafarbenen, violetten oder roten kurzröhrigen Blüten erkennen, die im Sommer erscheinen. Auf der Fensterbank blühen die Arten nur sehr selten, im Gewächshaus hingegen öfter.
Heimat: Mexiko und USA
Standort: sonnig
Pflege: Ferokakteen benötigen ein durchlässiges, leicht lehmiges Substrat, eine ausreichende regelmäßige Bewässerung, aber nur mäßige Düngergaben. Während der Winterruhe sollen die Pflanzen hell und fast trocken gehalten werden.
Vermehrung: Aussaat
Weitere empfehlenswerte Arten: *Ferocactus glaucescens, Ferocactus hamatacanthus, Ferocactus latispinus, Ferocactus wislizeni*

Frailea horstii
Frailee

Aussehen: Die *Frailea horstii* ist wie alle Fraileen ein Minikaktus. Die Art wird nur bis etwa 18 cm hoch und bis maximal 3 cm breit. Sie hat bis zu 33 in Warzen übergegangene Rippen und ein braune Dornen (Randdornen 15–20, Mitteldornen 3–6). Die gelbe, bis zu 4 cm lange und bis 5 cm breite Blüte erscheint zumeist im Herbst, manchmal bereits im späten Sommer.
Heimat: Südamerika (Brasilien)
Standort: außer während der Blüte nicht vollsonnig, aber hell und warm
Pflege: *Frailea horstii* benötigt ein durchlässiges, leicht saures Substrat (mit pH-Tester kontrollieren und kalkfreie Erde verwenden!) und regelmäßige Bewässerung. Die Pflanze braucht keine großen Düngergaben, eine pro Vegetationsperiode ist ausreichend. Während der Überwinterung sollte das Gewächs nicht unter 10 °C und nicht ganz trocken gehalten werden.
Vermehrung: Aussaat
Weitere empfehlenswerte Arten: *Frailea curvispina, Frailea grahliana*

Gymnocalycium-Arten
Nacktkelch

Aussehen: Die Gattung *Gymnocalycium* umfasst etwa 50–60 Arten, die wiederum in 6 Untergattungen gegliedert sind. Die Kakteen sind von flachkugeliger bis kugeliger Form, wachsen vielfach sprossend und in unterschiedlichen Größen. Die Rippen der Pflanzen sind häufig rund und zeichnen sich zumeist durch kleine Querfurchen aus. Die Dornen der Gymnocalycien liegen dem Körper meistens an, können aber auch abgespreizt wachsen. Die in den

Die Blüten von *Gymnocalycium bruchii* sind auffallend groß.

meisten Fällen scheitelnah entstehenden beschuppten Blüten, die insbesondere durch ihre Haar-, Borsten- und Schuppenlosigkeit auffallen (daher der griechische Name *Gymnocalycium* = Nacktkelch: *gymnos* = nackt, *kalyx* = Kelch), erscheinen im Vergleich zum Pflanzenkörper groß und kommen in den Farben Weiß, Gelb, Crème, Zartrosa, Grünweiß und Rot vor. Der Flor entwickelt sich, je nach Art, vom Früh- bis in den Spätsommer.

Heimat: Südamerika (Argentinien, Bolivien, Brasilien, Paraguay, Uruguay)

Standort: halbschattig bis sonnig, aber nicht vollsonnig

Pflege: Die Pflanzen benötigen ein durchlässiges, saures, humoses und lehmiges Substrat. Die Ansprüche an die Erde können aber bei einzelnen Arten schwanken. *Gymnocalycium* verträgt allzumeist keine Staunässe (wie dies bei so gut wie allen Kakteen der Fall ist!) und sollte daher regelmäßig auf den Feuchtigkeitsgrad hin überprüft werden. Die Kakteen werden keinesfalls achtlos in einem festgelegten Turnus gegossen, sondern erst dann, wenn die Erde trocken geworden ist. Einige Arten gedeihen gepfropft besser, andere wurzelecht. Die als Erdbeerkaktus bekannte Form 'Rubra' der Varietät *Gymnocalycium mihanovichii* var. *friedrichii* enthält kein Chlorophyll und kann daher sogar ausschließlich gepfropft überleben (siehe nachfolgendes Porträt). In der Überwinterungsphase sollten die Kakteen recht trocken und nicht über 12 °C, aber auch nicht unter 8 °C gehalten werden, obgleich einige Arten aus Argentinien mit tiefen Temperaturen gut zurechtkommen.

Vermehrung: Aussaat

Weitere empfehlenswerte Arten: *Gymnocalycium andreae*, *Gymnocalycium baldianum*, *Gymnocalycium leeanum*, *Gymnocalycium mihanovichii* var. *friedrichii*, *Gymnocalycium multiflorum*

Gymnocalycium mihanovichii var. *friedrichii* f. 'Rubra'
Erdbeerkaktus

Aussehen: Dieser beliebte und häufig im Handel erhältliche Kaktus ist die Kulturform einer Varietät des *Gymnocalycium mihanovichii*. Bei der Pflanze handelt es sich um eine Mutation, die in den Vierzigerjahren in Japan spontan entstanden ist und seither durch Sprosspfropfung vermehrt wird. Der

Erdbeerkakteen, hier *Gymnocalycium mihanovichii* var. *friedrichii* fo. 'Hibotan', im Gewächshaus.

Erdbeerkaktus enthält kein Chlorophyll, ist also in nicht veredeltem Zustand nicht überlebensfähig. Die zahlreich entstehenden Sprösslinge lassen sich leicht abnehmen und auf einer kräftigen Unterlage vermehren. Mittlerweile existiert diese Varietät auch in weiteren Farben, so gibt es z. B. die gelbe Form 'Aurea' und andere.
Heimat: *Gymnocalycium mihanovichii* stammt aus Südamerika (Paraguay), die Formen ohne Chlorophyll sind jedoch reine Kulturpflanzen.
Standort: Halbschatten, aber hell
Pflege: Der Erdbeerkaktus verlangt ein durchlässiges, lehmiges und leicht humoses Substrat. In der Vegetationsperiode sollte die Pflanze nur mäßig gegossen und von Zeit zu Zeit gedüngt werden. Während der Überwinterungsphase hell, nicht ganz trocken und nicht unter 10 °C stellen.
Vermehrung: Sprossveredelung

Haageocereus-Arten
Haages Cereus

Aussehen: Manche Autoren schreiben der Gattung *Haageocereus* 50 und mehr Arten zu. Diese Vielfalt an Arten ist jedoch nach derzeitigem Kenntnisstand nicht haltbar, da die meisten der als eigenständigen Arten gesehenen Pflanzen eher als Varietäten eines Komplexes von insgesamt etwa zehn Arten zu betrachten sind. Diese Arten der Gattung gehören zu den Säulenkakteen und werden maximal 2 (3–4) m hoch. Die zuweilen verzweigend wachsenden Pflanzen tragen, je nach Art, ein dichtes Dornen- bzw. Borstenkleid, das weiß, grau, gelb, braun und manchmal auch rötlich ist sowie etwa 12–26 Rippen. Randdornen: bis 60, Mitteldornen: bis etwa 12. Die trichterförmigen, tag- oder nachtblühenden Blüten erscheinen weiß, rot, rosa, grünlich oder grünlichweiß, mitunter auch zweifar-

big (unterschiedliche Töne der Innen- und Außen-Blütenblätter).
Heimat: Südamerika (Chile, Peru)
Standort: sonnig und luftig
Pflege: Haageocereen benötigen ein durchlässiges und lehmiges Substrat mit eventuellem Sandzuschlag und eine ausreichende Bewässerung sowie regelmäßige Düngung während der Vegetationsperiode. Die Pflanzen genießen im Sommer in der Regel eine Ruhezeit, in der sie fast trocken gehalten werden. In der Überwinterung möchten die Arten etwa 10–15 °C (und nicht 3–5 °C, wie anderenorts beschrieben) und nicht ganz trocken stehen. Um in dieser Zeit eine von unten her kommende Unterkühlung des Wurzelsystems zu vermeiden, empfiehlt es sich, die Kakteen auf einer Styroporunterlage zu lagern.
Vermehrung: Aussaat oder Kopfsteckling
Weitere empfehlenswerte Arten:
Haageocereus multangularis, *Haageocereus pacalaensis*, *Haageocereus versicolor*

Hatiora salicornioides
Keulen-Binsenkaktus

Aussehen: Dieser außergewöhnliche Kaktus wächst buschig und hat keulenförmige, gliedrig erscheinende und hellgrüne Triebe, die bis zu 3 cm lang und weniger als 1 cm dick werden. Anstatt Dornen entspringen den Areolen weiße Borsten. Die Blüte dieser Pflanze ist bis zu 1,5 cm lang und gelb. Die nach der Blüte entstehende Frucht ist von weißer Farbe und weist ein rötli-

Haageocereus-Arten wollen im Sommer fast trocken stehen.

ches Top auf (Erkennungsmerkmal!).
Heimat: Südamerika (Brasilien)
Standort: halbschattig, aber hell
Pflege: Die Pflanze gedeiht gut in handelsüblicher Kakteenerde, die zu einem Teil mit torfigem Zierpflanzensubstrat angereichert wurde. Diese recht langsamwüchsige Art benötigt eine stete Feuchtigkeit und deshalb regelmäßige Wassergaben und gelegentliche Düngungen. Allerdings ist eine Staunässe unbedingt zu vermeiden. Im Winter hell, weniger feucht (aber keinesfalls trocken) und nicht unter 10 °C halten.
Vermehrung: Aussaat, Stecklinge oder Veredelung.
Weitere empfehlenswerte Art: *Hatiora herminiae* (einzige weitere Art dieser Gattung)

Hylocereus undatus
Waldcereus

Aussehen: *Hylocereus undatus* ist ein meistens dreiflügeliger Schlangenkak-

Hylocereus undatus steht gerne feucht.

tus, der bis zu 13 cm dick und im Idealfall mehrere Meter hoch bzw. lang wird. Der Kaktus hat nur 1–3 Dornen pro Areole, auch werden die bräunlichen bis schwarzen Dornen nur bis zu 4 mm lang. Die bis 30 cm langen, innen weißen, außen grün-gelblichen Blüten erscheinen nachts. Im Gartenfachhandel erhält man übrigens den Erdbeerkaktus aus der Gattung *Gymnocalycium* (s.o.) zumeist auf *Hylocereus undatus* bzw. auf dessen Bruder *Hylocereus trigonus* gepfropft.
Heimat: Nicht bekannt. Die Arten der Gattung *Hylocereus* kommen aber in Zentral- und Südamerika sowie Westindien vor, sodass davon ausgegangen werden kann, dass auch *Hylocereus undatus* dort seinen Ursprung findet. Der Kaktus wird wegen seiner essbaren und schmackhaften Früchte (Pitahaya oder Drachenfrucht) in den wärmeren Zonen häufig angebaut.
Standort: halbschattig bis sonnig, aber warm (und möglichst feucht)
Pflege: *Hylocereus* gedeiht gut in einer Mischung aus handelsüblicher Kakteenerde und einem Standard-Zierpflanzensubstrat. Die Art möchte warm und feucht stehen und benötigt daher regelmäßige Wassergaben. Sommerliche Besprühungen dankt das Gewächs sichtlich. Sinken die Temperaturen jedoch – gleich aus welchem Grunde –, darf die Pflanze keinesfalls nass stehen. Eine Rankhilfe ist für größere Exemplare vorteilhaft. Während der Winterzeit soll *Hylocereus undatus* hell und bei etwa 12 °C, keinesfalls aber unter 10 °C gehalten werden. Das Substrat sollte auch in der Überwinterung nie ganz austrocknen, von Zeit zu Zeit darf die Pflanze sparsam besprüht werden.
Vermehrung: Aussaat oder Steckling
Weitere empfehlenswerte Art:
Hylocereus trigonus

Lobivia backebergii
Lobivie

Aussehen: Die Pflanze wird bis zu 25 cm hoch und ist von dunkelgrüner Farbe. *Lobivia backebergii* hat ungefähr 15 gehöckerte Rippen. Im Sommer erscheinen die bis zu 5 (6) cm großen Blüten, sie sind violett oder rot mit hellem Schlund. Auch die Färbung der Dornen (Randdornen 3–7, Mitteldornen: keine) ist variabel. Sie erscheinen in Braun, Gelb, Rot oder Grau.
Heimat: Südamerika (Bolivien)
Standort: nicht vollsonnig, aber hell
Pflege: *Echinopsis backebergii* benötigt ein durchlässiges, leicht humoses Substrat und eine regelmäßige gute Bewässerung und Düngung. In Überwinterung sollte die Pflanze nicht unter 6 °C, aber auch nicht unbedingt über 8 °C, dafür aber hell stehen und annähernd trocken gehalten werden.
Vermehrung: Aussaat oder Kopfsteckling
Weitere empfehlenswerte Arten:
Lobivia hertrichiana, *Lobivia jajoiana*, *Lobivia silvestrii*

Lobivia silvestrii 'Variegata'
Bananenkaktus

Aussehen: Der Bananenkaktus wird im Gartenfachhandel neben dem Erdbeerkaktus *Gymnocalycium mihanovichii* var. *friedrichii* f. 'Rubra' (siehe oben) sehr häufig angeboten und wie dieser gern gekauft. *Lobivia silvestrii* 'Variegata' enthält kein Chlorophyll und ist nur in gepfropftem Zustand überlebensfähig. Die Pflanze hat einen gelben

Bananenkakteen, hier *Lobivia silvestrii* 'Variegata', im Gewächshaus.

bis orangen bananenförmigen Körper und wird häufig unter ihrem mittlerweile ungültigen Namen *Chamaecereus silvestrii* verkauft.
Heimat: *Lobivia silvestrii* stammt aus Südamerika (Argentinien), die Form ohne Chlorophyll ist jedoch eine reine Kulturpflanze.
Standort: halbschattig, hell
Pflege: *Lobivia silvestrii* 'Variegata' benötigt ein durchlässiges und humoses Substrat und in der Hauptwachstumszeit mäßige Wassergaben. Von Zeit zu Zeit empfiehlt sich eine Düngung. Vorsicht: Der Kaktus wird häufig von tierischen Schädlingen heimgesucht. Während der Überwinterung möglichst trocken und hell und bei etwa 6 °C halten.

Mammillaria bombycina Warzenkaktus

Aussehen: Dieser ovale Kaktus wächst sprossend oder einzeln und wird etwa 20 cm hoch. Er hat zylindrische Warzen, deren Gründen (Axillen) weiße Wolle entspringt. *Mammillaria bombycina* hat gelbliche oder rötlich braune Dornen (Randdornen bis 40, Mitteldornen 2–4, einer davon auffallend hakig und etwa 20 mm lang) und trichterförmige, hellpurpurne oder rosafarbene, bis 1,5 cm lange und breite Blüten, die um den Scheitel als Kranz stehen.
Heimat: Mexiko
Standort: sonnig und warm, verträgt zur Not auch halbschattige, aber keinesfalls kühle Standorte
Pflege: *Mammillaria bombycina* benötigt ein durchlässiges und mineralisches Substrat. Sand- und Perlite-Zuschläge sind vorteilhaft. Die Pflanze liebt eine regelmäßige Bewässerung, reagiert jedoch äußerst empfindlich auf Staunässe. Gelegentliche Düngung tut dem Kaktus gut. In der Überwinterung sollte das Gewächs hell, fast trocken und bei etwa 10 °C untergebracht sein.
Vermehrung: Aussaat oder Spross-Steckling

Mammillaria wildii Warzenkaktus

Aussehen: *Mammillaria wildii* ist ein kugeliger bis oval wachsender und kräftig sprossender Kaktus. Den Axillen entspringen einige haarige Borsten. Die Pflanze weist weiße bzw. braune Dornen auf (Randdornen bis 20, Mitteldor-

Die Pflege von *Mammillaria wildii* gelingt auch dem Anfänger.

nen 3–4, einer davon hakig) und hat trichterförmigen, weißen oder rosafarbenen, bis 1,5 cm langen und breiten Flor, der als Kranz angeordnet um den Scheitel entsteht.
Heimat: Mexiko
Standort: hell und warm, vor voller Sonne leicht geschützt
Pflege: *Mammillaria wildii* benötigt wie *Mammillaria bombycina* ein durchlässiges und mineralisches Substrat, das mit Sand- und Perlite-Zuschlägen angereichert ist. Auch diese Art braucht regelmäßige Wassergaben, gelegentliche Düngungen und ist vor Staunässe dringend zu schützen. Während der winterlichen Ruhepause mag der Kaktus hell, recht trocken und bei etwa 10 °C gehalten werden.
Vermehrung: Aussaat oder Spross-Steckling
Weitere empfehlenswerte Arten: Es existiert eine ganze Reihe pflegeleichter und für den Anfänger geeigneter *Mammillaria*-Arten. Empfehlenswert sind beispielsweise *Mammillaria bocasana*, *Mammillaria elongata*, *Mammillaria longimamma*, *Mammillaria prolifera*, *Mammillaria spinosissima* und *Mammillaria zeilmanniana*.

Melocactus-Arten
Melonenkaktus

Aussehen: Die Gattung *Melocactus* umfasst etwa 30 Arten typischer Kugelkakteen, die im Alter auch säulig wachsen können. Gemeinsame Merkmale sind die ausgeprägten, kräftigen Dornen (häufig bis zu 11 Randdornen und bis zu 4 Mitteldornen), das wollige Cephalium, das erst im blühfähigen Alter ausgebildet wird, und die meist scharfkantigen Rippen (je nach Art bis zu 22). Die Arten tragen verhältnismäßig kleine rosafarbene bis rote Blüten, die im Sommer blühen.
Heimat: Mexiko, Zentral- und Südamerika (Brasilien, Ekuador, Guayana, Kolumbien, Peru, Venezuela), Westindien
Standort: sonnig und sehr warm
Pflege: Melocacteen sind recht anspruchsvolle Pflanzen und für den Anfänger nur bedingt zu empfehlen. Dennoch kann man sie in vielen Gartenmärkten erwerben. Verglichen mit Arten wie *Lophophora williamsii* oder

Die Blüten von *Melocactus matanzanus* öffnen sich um die Mittagszeit.

Ariocarpus-Arten ist *Melocactus* nicht besonders schwierig, da durchaus am Südfenster kultivierbar. Die Melocacteen benötigen ein durchlässiges, mineralisches und lehmiges Substrat, einen sehr hellen und warmen Standort und möchten während der Vegetationsperiode regelmäßig gegossen und gedüngt werden. Einige Autoren präferieren die kräftige Bewässerung, andere die mäßige. *Melocactus* sollte niemals trocken stehen, aber auch nicht allzu häufig mit Wasser bedacht werden. Mit mäßigem Gießen und regelmäßiger Kontrolle des Nässegrades des Substrats wird man gute Erfolge erzielen. Wasserverneblung am Abend nehmen die Kakteen dankend an. Im Winterquartier sollen die Pflanzen weiterhin hell, nicht ganz trocken und bei etwa 15 °C gehalten werden.
Vermehrung: Aussaat
Weitere empfehlenswerte Arten: *Melocactus curvispinus*, *Melocactus glaucescens*

Myrtillocactus geometrizans Heidelbeerkaktus

Aussehen: *Myrtillocactus geometrizans* ist ein baumförmiger, strauchiger Säulenkaktus, der bis zu 5 m hoch werden kann und bis zu 6 Rippen aufweist. Die wenigen Dornen (Randdornen: bis zu 9, ein Mitteldorn) erscheinen gerade bei älteren Exemplaren interessant. Der Heidelbeerkaktus trägt weißlich grüne, bis etwa 3,5 cm lange Blüten, die im Sommer erscheinen, und bildet dunkle, essbare und wohlschmeckende Beerenfrüchte aus. Da die Frucht an die Heidelbeere erinnert, hat die Gattung den Namen *Myrtillocactus*, also Heidelbeerkaktus, erhalten (Heidelbeere = botanisch *Vaccinium myrtillus*). Besonders apart sind die Cristat-Formen dieser Art.
Heimat: Mexiko, Guatemala
Standort: sonnig und sehr warm
Pflege: *Myrtillocactus* benötigt ein durchlässiges, sandiges Substrat und regelmäßige kräftige Wassergaben, hingegen nur mäßige Düngungen. Im Winterquartier möchte die Pflanze hell und nicht unter 10 °C stehen. Das Substrat sollte auch in dieser Phase nie völlig austrocknen.
Vermehrung: Aussaat oder Steckling
Weitere empfehlenswerte Arten: *Myrtillocactus eichlamii*, *Myrtillocactus schenckii*

Myrtillocactus geometrizans in der Cristat-Form.

Neoporteria napina
Neoporterie

Aussehen: Dieser kleine zylindrische Kaktus wird bis etwa 10 cm hoch und bis 5 cm breit und hat einen dunkelgrünen Körper mit bis zu 14 Rippen, die in Warzen aufgelöst sind. Die dunklen Dornen von *Neoporteria napina* liegen eng an (bis 10 Randdornen, Mitteldornen 0–4) und weißliche bis rosafarbene oder crèmefarbene, bis zu 2,5 cm lange Blüten auf, die meist vom Frühling bis zum Sommeranfang erscheinen.
Heimat: Südamerika (Chile)
Standort: hell und warm, auch halbschattig
Pflege: *Neoporteria napina* benötigt ein durchlässiges, mineralisches und nährstoffreiches Substrat mit eventuellem Sandzuschlag und eine regelmäßige, nicht besonders starke Bewässerung. Gelegentliche Düngungen sind vorteilhaft. In der Phase der Überwinterung möchte der Kaktus hell, nicht ganz trocken und bei 8–10 °C gehalten werden.
Vermehrung: Aussaat
Weitere empfehlenswerte Arten: *Neoporteria chilensis*, *Neoporteria esmeraldana*, *Neoporteria occulta*, *Neoporteria reichei*

Notocactus leninghausii Buckelkaktus

Aussehen: Der Buckelkaktus *Notocactus leninghausii* ist eine zunächst kugelige, später zylindrisch-säulige, bis 1 m hohe und bis 10 cm breite Pflanze, die im Alter am Grunde gerne sprosst. Zu erkennen ist das Gewächs an seinem zumeist deutlich abgeschrägten Scheitel. Die Art hat bis zu 30 leicht gekerbte und stumpfe Rippen, goldgelbe Dornen (bis 15 Randdornen, bis 4 Mitteldornen) und gelbe, bis zu 5,5 cm lange, bis 6 cm breite Blüten, die im Sommer erscheinen.
Heimat: Südamerika (Brasilien)
Standort: halbschattig bis sonnig und warm
Pflege: *Notocactus leninghausii* benötigt ein durchlässiges, lockeres, humoses und nährstoffreiches Substrat und regelmäßige, nicht allzu kräftige Bewässerung. Gelegentliche Düngungen tun der Pflanze gut. Während der Überwinterung möchte das Gewächs regelmäßig geringe Wassergaben. Die Pflanze möchte in der Winterzeit einen hellen Standort und sollte keinesfalls unter 10 °C gehalten werden.
Vermehrung: Aussaat oder Spross-Steckling
Weitere empfehlenswerte Arten: *Notocactus magnificus*, *Notocactus ottonis*

Opuntia-Arten Feigenkaktus

Aussehen: Die Feigenkakteen bilden eine äußerst variable Gattung mit über 300 Arten, die aufgrund ihres Formenreichtums in 12 Untergattungen aufgeteilt ist. Typisches, aber längst nicht bei allen Arten vorhandenes Erkennungsmerkmal, sind die ohrenförmigen

Die Feigenkakteen, hier *Opuntia basilaris* (links) und *Opuntia compressa* (rechts), erfreuen durch ihre Farbenpracht.

Triebe. Der fortgeschrittene Pflanzenliebhaber erkennt Opuntien sicher an den Glochiden (borstenartige Dornenbüschel mit Widerhaken). Es existieren kleinwüchsige Arten, z. B. *Opuntia fragilis* (bis etwa 20 cm), *Opuntia rhodanta* (bis etwa 30 cm) und *Opuntia invicta* (bis etwa 50 cm) und solche, die mehrere Meter hoch werden können, beispielsweise *Opuntia imbricata*, *Opuntia ficus-indica* (beide bis etwa 5 m) und *Opuntia auberi* (bis etwa 10 m). Die Pflanzen wachsen baumförmig oder strauchartig, sprossen sehr stark und tragen zylindrische, abgeflachte, rundliche oder keulige Triebe. Einige Arten haben mehr oder weniger auffällige Dornen, anderen fehlen diese völlig. Die Blütenfarben sind von ebenso vielgestaltiger Natur wie die Pflanzen an sich. Das Spektrum reicht von Rot, Purpur, Orange und Rosa bis hin zu Gelb-, Crème- und Weißtönen verschiedenster Nuancierung und Kombination. Blütezeit ist, je nach Art, vom Frühjahr bis in den Herbst.
Heimat: Kanada, USA, Mittel- und Südamerika
Standort: sonnig und warm, je nach Art genügt auch Halbschatten. Einige Arten sind bei uns winterhart und können ins Freiland gepflanzt und dort ganzjährig kultiviert werden. Solche Pflanzen sind z. B. *Opuntia imbricata*, *Opuntia fragilis* und *Opuntia howeyi*, einige Varietäten der Arten *Opuntia erinacea*, *Opuntia phaeacantha*, *Opuntia polyacantha* und andere. Der Abschnitt „Winterharte Kakteenarten“ auf Seite 77 informiert über diese spezielle Thematik gesondert und verzeichnet auch die anderen Gattungen, die bei uns im Freiland gehalten werden können.
Pflege: *Opuntia*-Arten benötigen ein durchlässiges und lehmiges Substrat. Die Kakteen wollen regelmäßig gewissenhaft gewässert und gelegentlich gedüngt werden. Abgesehen von den winterharten und sowieso im Freien gehaltenen Arten stehen Opuntien im Winter gern hell, nicht ganz trocken und sollten nicht unbedingt bei Temperaturen unter 8 °C untergebracht sein, je nach Arten kann dieser Anspruch aber variieren (zwischen 5–10 °C).
Vermehrung: Aussaat oder Steckling
Weitere empfehlenswerte Arten: *Opuntia acanthocarpa*, *Opuntia basilaris*, *Opuntia compressa*, *Opuntia elatior*, *Opuntia ficus-indica*, *Opuntia microdasys*

Oreocereus celsianus
Bergcereus

Aussehen: Dieser durch seine wilde Behaarung urig aussehende Kaktus ist ein aufrecht wachsendes, verzweigendes Gewächs und kann unter günstigen Umständen bis zu 2 m hoch werden. In Zimmerkultur ist dies jedoch kaum zu erreichen. *Oreocereus celsianus* wird bis etwa 12 cm breit und hat bis zu 25 gehöckerte Rippen. Die zunächst gelbliche, später dunklere, ins Orange oder Braune gehenden Dornen (Randdornen 7–9, Mitteldornen bis 4) sind kräftig und markant. Die in der Nähe des Scheitels erscheinenden sommerblühenden Blüten sind bis 9 cm lang, bis 3 cm breit und rosafarben. Von *Oreocereus celsianus* existieren mehrere Varietäten, die sich hinsichtlich der Dornen, der Behaarung und der Blütenfarbe von der Stammform abgrenzen.
Heimat: Südamerika (Bolivien, Chile, Peru)

Oreocereus celsianus fällt durch seine Behaarung ins Auge.

Standort: sonnig und warm, nachts kühl
Pflege: Wie schon bei der Gattung *Melocactus* ist es für den Anfänger nicht die leichteste Aufgabe, *Oreocereus*-Arten im Zimmer zu halten. Als typische Bergbewohner beanspruchen die Oreocereen tagsüber die Temperatur eines sonnigen Standortes, des Nachts hingegen eine niedrige Temperierung, die durchaus auch um 0 °C liegen darf. Die Pflanzen verlangen also einen deutlichen tageszeitabhängigen Unterschied innerhalb der Wärme-Kälte-Verhältnisse. Eine gewissenhafte Lüftung ist Voraussetzung. *Oreocereus celsianus* benötigt ein durchlässiges, leicht humoses Substrat und regelmäßige Wassergaben. Staunässe muss vermieden werden, daher ist die stete Kontrolle der Erde auf den Feuchtigkeitsgehalt vonnöten. In der Überwinterung steht die Pflanze hell, nicht ganz trocken und sollte weiterhin tagsüber und nachts den oben dargestellten Temperaturschwankungen ausgesetzt sein.
Vermehrung: Aussaat
Weitere empfehlenswerte Art: *Oreocereus trollii* (in Zimmerkultur ebenso eingeschränkt wie *Oreocereus celsianus*)

Pachycereus pringlei
Dicker Cereus

Aussehen: *Pachycereus pringlei* ist ein mächtiger Säulenkaktus und wird in seiner Heimat bis zu 12 m hoch, teilweise noch größer. Die Pflanze verzweigt häufig, wächst daher baumförmig und hat bis zu 16 Rippen. Die Dornen (Randdornen: bis zu 12, Mitteldornen: bis zu 8) zeigen sich zunächst rot-bräunlich, dann grau bis schwarz. Die seitlich erscheinenden, nachtblühenden Blüten bilden sich im Sommer aus, werden bis zu 9–10 cm lang und sind von grünlicher, weißer oder rosa bis rot überlaufener Farbe.
Heimat: Mexiko
Standort: sonnig und warm
Pflege: *Pachycereus pringlei* benötigt ein durchlässiges, leicht kalkiges Substrat und viel Wärme. Während der Vegetationsphase möchte er kräftig gewässert werden. Gelegentliche Düngergaben sind notwendig. Während der Winterruhe sollte die Pflanze

Wegen der vielen Dornen des *Pachycereus pringlei* ist bei der Pflege Vorsicht geboten.

Die rötlichen Dornen lassen *Parodia mutabilis* elegant erscheinen.

hell, nicht ganz trocken und bei etwa 10 °C gehalten werden.
Vermehrung: Aussaat
Weitere empfehlenswerte Arten: *Pachycereus marginatus*, *Pachycereus weberi*

Parodia mutabilis
Parodie

Aussehen: Diese Parodie wird bis zu 8 cm groß und weist spiralig angeordnete Warzen auf. Die Dornen (Randdornen: bis 50 weiße, Mitteldornen: 4–6 gelbe bis rot oder braun-orange, teilweise hakig) verleihen dem Gewächs eine grazile Ausstrahlung. Die im Sommer am Scheitel erscheinenden gelben Blüten haben teilweise einen rosafarbenen, roten oder weißlichen Schlund und werden bis zu 4 cm breit. Es existieren mehrere Varietäten dieser Art.
Heimat: Argentinien
Standort: hell, aber nicht zu heiß
Pflege: *Parodia mutabilis* benötigt ein durchlässiges, standardmäßiges Kakteensubstrat, wie es der Handel anbietet. Die Erde darf nie ganz austrocknen, aber eine Staunässe muss dringend vermieden werden. Daher soll das Substrat dieser Pflanze regelmäßig auf ihren Feuchtigkeitsgrad hin überprüft werden. Von Zeit zu Zeit durchgeführte Düngungen tun den Kakteen gut. Eine regelmäßige Belüftung des Standortes ist notwendig. Überwinterung hell, nicht ganz trocken und bei 5–10 °C.
Vermehrung: Aussaat

Weitere empfehlenswerte Arten: *Parodia chrysacanthion*, *Parodia comarapana*

Pereskia aculeata Laubkaktus

Aussehen: *Pereskia aculeata* ist ein verzweigender, niederliegender oder aufrecht wachsender Strauch, der bis zu 11 m lang werden kann. Die spitz zulaufenden, dicken Blätter werden bis zu 10 cm lang und bis etwa 5 cm breit. Den Areolen entspringen zwei hakige Dornen, nach dem Laubwurf bis zu 30 bräunliche bis schwarze Dornen. Die Blüten wachsen rispenähnlich in den Farben Weiß, Hellgelb bis Crème oder Rosa.
Heimat: USA (Florida), Westindische Inseln, Südamerika
Standort: halbschattig, aber hell, feuchtwarm
Pflege: *Pereskia* benötigt ein humoses, nährstoffreiches Substrat. Ein geringer Lehmzuschlag ist vorteilhaft. Die Pflanze möchte nicht trocken stehen und sollte daher regelmäßig gewässert werden. Auch gelegentliche Düngungen nimmt das Gewächs dankend an. Während des Winters soll *Pereskia aculeata* hell, mäßig feucht und nicht unter 10 °C gehalten werden.
Vermehrung: Steckling
Weitere empfehlenswerte Arten: *Pereskia bahiensis*, *Pereskia bleo*, *Pereskia grandiflora*

Rebutia-Arten Zwergkaktus, Kranzkaktus

Aussehen: Umfangreiche und variable, sich in 3 Untergattungen aufteilende Gattung mit etwa 70 Arten kleiner kugeliger bis zylindrischer Kakteen, die

Rebutia-Kakteen blühen besonders reichhaltig.

Rhipsalis-Arten geben sich nicht sofort als Kakteen zu erkennen.

nur wenige cm groß werden und häufig spiralig angeordnete Warzen aufweisen. Die meisten Arten sprossen und tragen feine und zarte Dornen. Die reichlich auftretenden seitlichen Trichterblüten erscheinen im Frühjahr und im Herbst in den Farben Weiß, Gelb, Orange, Rosa und Rot.
Heimat: Südamerika
Standort: halbschattig bis sonnig, aber nicht vollsonnig
Pflege: Zwergkakteen benötigen ein durchlässiges, sandiges, nährstoffreiches und humoses Substrat. Die Gewächse wollen regelmäßig gegossen und gedüngt werden. Gelegentliches Besprühen und eine gute Belüftung des Standortes wirken vorteilhaft. Da *Rebutia*-Arten Bergkakteen sind, sollten die Nachttemperaturen idealerweise deutlich kühler ausfallen als die Temperaturen am Tag. Im Winterquartier sollen Rebutien hell, nicht ganz trocken und nicht unter 8 °C stehen. Trocken gehaltene Pflanzen überstehen angeblich leichte Fröste, dies kann ich aber nicht bestätigen.
Vermehrung: Aussaat oder Spross-Steckling
Weitere empfehlenswerte Arten: *Rebutia krainziana*, *Rebutia marsoneri*, *Rebutia muscula*, *Rebutia senilis*

Rhipsalis-Arten Binsenkaktus

Aussehen: *Rhipsalis*-Arten gedeihen in sehr unterschiedlicher Wuchsform, und viele Pflanzen sind für das ungeübte Auge nur schwerlich als Kakteen zu identifizieren. Die mehr als 30 Arten werden in 5 Untergattungen aufgeteilt. Die Pflanzen sind überwiegend epiphytische Tropenbewohner, leben also in der Mehrheit auf Bäumen und anderen hochwüchsigen Gewächsen feuchtwarmer Klimate. Binsenkakteen zeichnen sich durch reich verzweigende Sprosse und gegliederte dicke oder dünne, keulige oder mehrkantige, geflügelte, gekerbte oder gerippte Triebe aus, die strauchartig und buschig entweder aufrecht oder hängend wachsen. Einige Arten tragen zarte, borstige Dornen, anderen fehlen diese. Bei manchen Arten sind nur junge Triebe mit winzigen Dornen besetzt, die sich später verlieren. Die röhrenlosen, sehr kleinen Blüten erscheinen zumeist in der Winterzeit in großer Anzahl in den Farben Weiß, Weiß-Grün und Weiß-Gelb, zuweilen auch rosa bis rötlich. Aus den Blüten entwickeln sich hübsche kleine

Früchte, Beeren in weiß, rötlich bis dunkelrot, rosa oder grünlich weiß.
Heimat: Zentral- und Südamerika, Mexiko, Afrika, Sri Lanka, Madagaskar
Standort: halbschattig bis hell, aber nicht vollsonnig, gute Ampelpflanzen
Pflege: *Rhipsalis*-Arten benötigen ein durchlässiges, gut dräniertes, säuerliches Substrat. Ein großzügiger Sandzuschlag ist empfehlenswert. Die reichlichen Wassergaben, die die Arten verlangen, sollen keinesfalls mit kalkigem Leitungswasser, sondern idealerweise mit Regenwasser erfolgen. Ansonsten werden die Pflanzen leiden. Das Substrat darf möglichst nicht komplett durchtrocknen, auch gelegentliche Vernebelung von Wasser tut den Gewächsen gut. Eine von Zeit zu Zeit verabreichte Dosis eines handelsüblichen Zierpflanzendüngers garantiert die Zufuhr der benötigten Nährstoffe. Eine bei den meisten Kakteen übliche Winterruhezeit gibt es bei *Rhipsalis* nicht. Die Pflanzen können ganzjährig am Platz bleiben. Wer sie jedoch den Sommer über im Freien hält, sollte die Gewächse ab Herbst wieder ins Haus holen. Von Mitte September bis Ende Oktober werden *Rhipsalis*-Arten nicht so kräftig gegossen wie im Sommer, auch sollte während dieser Phase auf die Vernebelungen verzichtet werden. Hält man sich an diese Regel, so werden sich ab November erste Blütenstände ausbilden.
Vermehrung: Aussaat oder Steckling
Weitere empfehlenswerte Arten: *Rhipsalis baccifera*, *Rhipsalis clavata*, *Rhipsalis fasciculata*. Die ehemalige Art *Rhipsalis pilocarpa* bildet mittlerweile die monotypische Gattung *Erythrorhipsalis*, wird aber noch häufig als *Rhipsalis* angeboten und ist ein dankbares Gewächs.

Damit Ihr Weihnachtskaktus zur rechten Zeit blüht, sollten Sie ihm von August bis September eine Ruhezeit gönnen.

Schlumbergera-Arten Weihnachtskaktus

Aussehen: Die 4–6 *Schlumbergera*-Arten sind buschige aufrechte, später hängend wachsende Epiphyten aus den tropischen Gebieten Brasiliens. Im Umlauf findet sich jedoch zusätzlich eine stattliche Anzahl an Hybridformen. Die Pflanzen wachsen verzweigend und bilden abgeflachte, gezähnte oder gekerbte Glieder aus, an deren Seiten die Areolen sitzen. Schwache Dornen erscheinen zuweilen als kurze Borstenauswüchse, sie kommen aber nicht grundsätzlich vor. Die radiären oder dorsiventralen bzw. zygomorphen Blüten (radiär: mit mehr als zwei Symmetrieachsen, dorsiventral oder zygomorph: mit nur einer Symmetrieachse) erscheinen bei den Stammarten und Kreuzungen im Winter in den Farben Rot, Violett, Weiß-Rosa oder Blass-Orange. Verallgemeinernd werden alle

Die Blüte der Königin der Nacht, *Selenicereus grandiflorus*, öffnet sich nur für eine einzige Nacht.

Schlumbergera-Arten als „Weihnachtskakteen" bezeichnet, obgleich ursprünglich nur die Art *Schlumbergera truncata* bzw. deren Hybriden mit diesem Trivialnamen belegt waren.
Heimat: Südamerika (Brasilien)
Standort: halbschattig bis sonnig, warm
Pflege: *Schlumbergera*-Arten benötigen ein humusreiches, säuerliches Substrat. Wie auch bei *Rhipsalis* müssen die reichlichen Wassergaben aus Regenwasser bestehen und dürfen keinesfalls kalkhaltig sein. Deshalb sollte der Pflanzenfreund auf Wasser aus der Leitung verzichten, es sei denn, er wohnt in einer Region, in der ausdrücklich der Wasserhärtefaktor 1 vorherrscht (= kalkarmes Wasser). Das Substrat soll immer feucht sein, die Wurzel der Gewächse dürfen nie ganz austrocknen. Dünger fördert das gute Gedeihen der Gewächse. In der Winterzeit stehen die Kakteen an ihrem Platz. Da sie um Weihnachten blühen, benötigen sie keine für Kakteen übliche Winterruhe. Dafür aber, und um die Blüte zu fördern, halten *Schlumbergera*-Arten von August bis etwa Ende September eine Ruhezeit, in der sie an einem kühleren Orte aufbewahrt und nur sehr wenig gegossen werden. Bilden sich ab Ende September erste Blüten, gießt man langsam wieder mehr und steigert die Gaben allmählich auf das Normalniveau.
Vermehrung: Aussaat oder Steckling
Weitere empfehlenswerte Arten: Neben *Schlumbergera orssichiana*, *Schlumbergera russeliana* und *Schlumbergera truncata* können gemeinhin alle Hybridformen der Gattung empfohlen werden.

Selenicereus grandiflorus Königin der Nacht

Aussehen: *Selenicereus grandiflorus* bildet ausladende Triebe mit 5–8 Rippen und Luftwurzeln aus, wird bis zu 5 m lang und trägt bis zu 11 kurze, bis einen cm lange und zunächst gelbliche, dann graufarbige Dornen. Die große, äußerlich gelblich orangebraune und innerlich weiße, nach Vanille duftende Blüte wird bis 30 cm lang und bis etwa 20 cm breit und öffnet sich zur Sommerzeit nur für eine einzige Nacht.
Heimat: Mexiko, Haiti, Jamaika, Kuba, Kleine Antillen
Standort: halbschattig, aber hell und warm
Pflege: Die Königin der Nacht benötigt ein durchlässiges, leicht humoses Sub-

strat. Die Pflanze muss ausreichend gewässert und regelmäßig mit einem Zierpflanzendünger versorgt werden. Typischer Kakteendünger enthält für *Selenicereus grandiflorus* zu wenig Stickstoff (eine Voraussetzung, die für die meisten Kakteengewächse unabdingbar ist). Ein Rankgerüst muss spätestens angebracht werden, wenn die Triebe des Kaktus über 1 m lang geworden sind. Mäßig gießen und düngen. Im Winterquartier mag die Pflanze hell, fast trocken und nicht unter 10 °C gehalten werden.
Vermehrung: Stecklinge
Weitere empfehlenswerte Arten: *Selenicereus hamatus*, *Selenicereus pteranthus*

Sulcorebutia rauschii gehört zu den Zwergkakteen.

Sulcorebutia rauschii Furchen-Kranzkaktus

Aussehen: Dieser kleine Kaktus wird nur bis 1,5 cm hoch und bis 3 cm breit. Er wächst einzeln oder sprossend und ist von dunkelgrüner bis violetter Farbe. *Sulcorebutia rauschii* hat bis zu 16 in Höcker aufgelöste Rippen, bis zu 11 schwarze Randdornen und keine Mitteldornen. Die roten Blüten weisen einen weißlichen Schlund auf. Die Pflanze ist ein typischer Rübenwurzler.
Heimat: Südamerika (Bolivien)
Standort: sonnig, sehr hell und warm, luftig
Pflege: Die Gattung *Sulcorebutia* ist nur eingeschränkt in eine Reihe „leicht pflegbarer Kakteen“ aufzunehmen. In Fensterbankkultur sind die Arten sogar noch schwieriger als *Melocactus* und *Oreocereus*, und für die Kultur im Zimmer eignen sie die Sulcorebutien eigentlich nicht. Die Art *Sulcorebutia rauschii* gedeiht aber recht gut hinter der Fensterscheibe. Sie wird verhältnismäßig häufig im Gartencenter angeboten. *Sulcorebutia rauschii* benötigt ein durchlässiges Substrat. Das kleine Gewächs muss gewissenhaft gewässert werden. Dafür hat es spezielle Anforderungen: Wenn die Blütenknospen erscheinen, soll das Substrat nicht austrocknen, aber auch nicht übermäßig nass sein. Regelmäßige Kontrolle ist notwendig. Zum Ende der Blütezeit, von Juli bis in den August, benötigt *Sulcorebutia rauschii* eine kurze Ruhephase, in der die Wassergaben zwar nicht eingestellt, jedoch verringert werden. Danach durchlebt die Pflanze bis etwa Ende September eine weitere Vegetationsperiode. In der Überwinterung möchte dieser Kaktus hell, trocken und nicht unter 5 °C stehen. Im folgenden Frühjahr reichen

Thelocactus bicolor verdankt seinen Namen der zweifarbigen Blüte.

gelegentliche Vernebelungen aus, solang, bis wieder die Blütenknospen sichtbar sind.
Vermehrung: Aussaat und Spross-Steckling
Weitere empfehlenswerte Arten: *Sulcorebutia krugeri*, *Sulcorebutia tunariensis* (wie *Sulcorebutia rauschii* nur eingeschränkt für die Zimmerkultur geeignet)

Thelocactus bicolor
Thelokaktus, Glory of Texas

Aussehen: Dieser kugelige Kaktus wird bis zu 10 cm breit und hat bis zu 13 gekerbte und mitunter leicht schräg stehende Rippen. Die weißen oder rötlichen bis braunen Dornen (bis 18 Randdornen, bis 4 Mitteldornen) sind im Verhältnis zum recht kleinen Körper sehr ausgeprägt und kräftig. Die bis zu 6 cm langen, rosafarbenen Blüten sind am Grunde rot und erscheinen im Sommer. Von der Art existieren mehrere Varietäten, die sich hauptsächlich in der Art der Dornen unterscheiden.
Heimat: USA (Texas), Mexiko
Standort: sonnig und warm
Pflege: *Thelocactus bicolor* ist ein dankbarer und pflegeleichter Kaktus. Er benötigt ein durchlässiges und mineralisches Substrat und nur mäßige Wassergaben. Gelegentliche Düngungen tun der Pflanze gut. Während der winterlichen Ruhephase möchte das Gewächs hell und trocken und bei etwa 10 °C stehen.
Vermehrung: Aussaat
Weitere empfehlenswerte Arten: *Thelocactus macdowellii*, *Thelocactus setispinus*, *Thelocactus tulensis*

Trichocereus pachanoi
Haarcereus

Aussehen: *Trichocereus pachanoi* wird bis zu 6 m hoch, in Zimmerkultur bleibt er allerdings wesentlich kleiner. Der baumartig wachsende Kaktus hat bis zu 8 Rippen und ist von grünlich blauer Farbe. Es erscheinen maximal bis 7 Dornen. Der nachtblühende, herrlich duftende Flor erscheint im Sommer, ist weiß und wird bis zu 24 cm lang. Die Art ist eine geeignete Pfropfunterlage.
Heimat: Südamerika (Ekuador, Peru)
Standort: sonnig und warm
Pflege: *Trichocereus pachanoi* benötigt ein durchlässiges, nährstoffreiches Substrat. Die Pflanze ist nicht besonders anspruchsvoll. Während der Vegetati-

onsperiode möchte der Kaktus reichlich gewässert und gut gedüngt werden. In der Überwinterung soll *Trichocereus pachanoi* hell, trocken und möglichst nicht unter 12 °C gehalten werden.
Vermehrung: Aussaat oder Kopfsteckling
Weitere empfehlenswerte Arten: *Trichocereus bridgesii, Trichocereus pasacana, Trichocereus peruvianus*

Uebelmannia pectinifera Uebelmannie

Aussehen: Diese Uebelmannie wächst anfangs kugelig, im Alter gestreckt und wird bis zu 50 cm hoch und bis zu 15 cm breit. Der dunkle, bräunliche bis purpurfarbene Körper fällt besonders durch seine bis zu 18 Rippen auf. Mit zunehmendem Alter bilden sich auf der Pflanze weiße Schuppen, die Dornen (Randdornen: 0, Mitteldornen: bis 4) sind dunkelbraun bis schwarz gefärbt. Die bis 1,5 cm langen und bis 1 cm breiten Blüten sind grünlich gelb und erscheinen im Sommer.
Heimat: Südamerika (Brasilien)
Standort: sonnig und warm
Pflege: *Uebelmannia pectinifera* benötigt ein durchlässiges und saures Substrat mit Lauberdezuschlag. Gewissenhafte Bewässerungen und Düngergaben sind vonnöten, auch empfiehlt sich während der Vegetationsphase ein regelmäßiges Besprühen der Pflanzen. Die langsamwüchsige Art soll während der Winterruhe hell, nicht ganz trocken und nicht unter 15 °C gehalten werden.
Vermehrung: Aussaat
Weitere empfehlenswerte Arten: *Uebelmannia buiningii, Uebelmannia gummifera*

Die Blüten von *Trichocereus pachanoi* werden bis zu 24 cm lang.

Uebelmannia pectinifera hat bis zu 18 scharfkantige Rippen.

Wilcoxia albiflora
Wilcoxie

Aussehen: Diese Wilcoxie wächst strauchartig verzweigend und hat bis zu 20 cm lange und bis 6 mm dicke Triebe von annähernd zylindrischer Form. Die zarten, weißen Dornen (bis zu 12 kleine Dornen) verleihen dem Gewächs im Zusammenspiel mit den hellrosafarbenen bis weißen, dunkelschlundigen Blüten, die bis 2 cm lang und bis zu 2,5 cm breit werden, einen anmutigen Charakter.
Heimat: Mexiko
Standort: halbschattig bis sonnig, warm
Pflege: *Wilcoxia albiflora* benötigt ein durchlässiges Substrat, wird wegen der kräftigen und recht voluminösen Wurzel jedoch häufig veredelt kultiviert. Ausreichende Wassergaben und gelegentliche Düngungen sind notwendig. Gerade während der Vegetationsperiode braucht das Gewächs eine ausreichende Flüssigkeitszufuhr und sollte nicht austrocknen. Kontrollen des Feuchtigkeitsgrades sind Pflicht. Während der Überwinterung möchte *Wilcoxia albiflora* hell, nicht ganz trocken und nicht unter 12 °C gehalten werden.
Vermehrung: Aussaat oder Pfropfung
Weitere empfehlenswerte Arten: *Wilcoxia tuberosa, Wilcoxia schmollii*

Manche Sammler spezialisieren sich auf eine Gattung wie hier Mammilarien.

Spezialisierte Sammlungen

Selbstverständlich hängt die Zusammensetzung einer Kakteensammlung von den eigenen Vorlieben ab. Der eine kauft gezielt eine möglichst breite Auswahl an Pflanzen aller Gattungen, der andere pflegt Kakteen, die in der Wuchsform oder im Blühverhalten ähnlich sind. Ein dritter nimmt einfach Kakteen, die gefallen und gut ins Gefüge der bereits vorhandenen Zimmergewächse passen.

Manchem Fortgeschrittenen scheint es aber sinnvoll, sich auf eine bestimmte Kakteengruppe zu beschränken, sich also zu spezialisieren. So sammeln einige Liebhaber ausschließlich Arten und Varietäten oder auch Zuchtformen aus nur einer einzigen Gattung. Dies bietet zum einen den Vorteil, sich intensiv mit deren expliziten Ansprüchen befassen zu können und damit im Laufe der Zeit zum ausgemachten Experten für die gewählten Kakteen zu werden. Zum anderen erleichtert es den gezielten Aufbau einer Kollektion erheblich. Es gibt beispielsweise Freunde der Mammillarien oder Astrophyten, die Echinopsis-Liebhaber oder auch Sammler von Notokakteen-Arten. Diese schließen sich häufig in Arbeitskreisen zusammen, um sich untereinander auszutauschen. Eine Übersicht über diverse Arbeitsgruppen und Gesellschaften findet sich im Serviceteil dieses Buches.

Mal was anderes: Trockenblüten

Aus Kakteenblüten lässt sich ein Geschenk der ganz anderen Art oder einfach ein schöner Raumschmuck, ein Blickfang für die eigenen vier Wände herstellen. Kaktusblüten unterschiedlicher Form, Farbe und Größe werden in einem dicken Buch oder ähnlichem gepresst und damit getrocknet. Anschließend arrangiert man diese Blumen auf einer Papp- oder Holzunterlage und fügt z. B. Blätter oder Blüten anderer Pflanzen hinzu.

Die getrockneten Blüten können auch gut zur Herstellung von Grußkarten verwendet werden. Dafür klebt man die Komposition des Flors einfach auf eine bereits fertige Karte und fixiert sie mit einem speziellen Bastelspray.

Kakteen-Arrangement in einem botanischen Garten.

So pflegt man einen Kaktus

Gießen – mehr als man denkt

„Ach, das ist ein Kaktus. Den musst du nicht gießen." Solche oder ähnliche Aussagen hört man zuweilen, wenn es um die dornigen Gesellen geht. Viele Menschen glauben tatsächlich, dass Kakteen kein Wasser benötigen – und wenn überhaupt, dann nur sehr wenig. Das ist allerdings ein fataler Irrtum! Kakteen sind Pflanzen, die je nach Art zu 80–95 % aus Wasser bestehen, und wie alle Pflanzen brauchen auch Kakteen Wasser.

Die irrige Annahme, Kaktusgewächse kämen ohne Flüssigkeit aus, beruht auf der Tatsache, dass diese Pflanzen mit ihrem sukkulenten Körper in der Lage sind, zugeführtes Wasser über längere Zeiträume zu speichern und bedarfsweise zu verbrauchen. Das ist beispielsweise in den kargen und öden Wüstenlandschaften des amerikanischen Kontinents, der Heimat vieler Cactaceae, von erheblicher Bedeutung. Die dort lebenden Kakteen zehren von der Flüssigkeit, die sie entweder durch einen der seltenen Regengüsse, durch den Frühtau oder über die Umgebungsluft aufnehmen können. Ihr dauerhaftes Überleben ist nur gesichert, weil die Kakteen in der Lage sind, diese Wasserressourcen im fettfleischigen Körper aufzubewahren und ihrem Organismus langsam zuzuführen.

Alle Pflanzen, die in wenig feuchten Gebieten gedeihen, z. B. die sukkulenten Euphorbien der heißen Regionen Afrikas und viele andere Wüstenbewohner, haben ähnliche Mechanismen der Wasservorratshaltung entwickelt. Deshalb ist die Vielfalt der Sukkulenten geradezu überwältigend. Auch in Mitteleuropa leben solche fettfleischigen Pflanzen, z. B. Arten der Gattungen *Sempervivum* und *Sedum*, denen man

Wann gieße ich meine Kakteen?

Während der Hauptwachstumsphase der meisten Kakteen, die sich von März bis Ende August erstreckt, benötigen die Gewächse relativ viel Feuchtigkeit. Bei einigen Arten, beispielsweise der Gattung *Astrophytum*, beginnt die Vegetationsperiode später, erst im April. Viele Astrophyten-Sammler bewässern ihre Pflanzen ausschließlich von April bis September und halten die Arten für den Rest des Jahres trocken.

Manche anderen Kakteen, wie beispielsweise *Ariocarpus*-Arten, lassen sich allerdings nicht nach diesem Schema pflegen, denn diese halten während des Sommers jene Ruhezeit, die andere Kakteen im Winter genießen.

Ferocactus wislizenii mit schön gefärbten Dornen.

häufig auf oder an Mauern begegnen kann.

Staunässe vermeiden

Beim Gießen von Kakteen muss in besonderem Maße darauf geachtet werden, dass überschüssiges Wasser rasch ablaufen kann. Staut sich Flüssigkeit im Wurzelbereich, hat dies zur Folge, dass der Sauerstoffvorrat im Substrat schnell zur Neige geht und das Wurzelsystem seine Atmungsaktivität einbüßt. In den heißen Monaten, ab Temperaturen von etwa 25 °C, schützen Kakteen sich mittels einer Wachsversiegelung vor Austrocknung. Das im sukkulenten Pflanzenkörper gespeicherte Wasser wird dann nicht mehr verbraucht. In diesem Moment ist die Pflanze weder in der Lage, Flüssigkeit aufzunehmen noch Wasser zu verdunsten. In dieser Situation ist die Gefahr einer Wurzelübernässung mit darauf folgender Schimmelpilzbildung am größten. Ist dies der Fall, sollte das Substrat nicht dauerhaft feucht gehalten werden, sondern zunächst komplett durchtrocknen.

In der Hauptwachstumsperiode werden die meisten Kakteen gegossen, sobald das Substrat trocken ist oder ein paar Tage danach. Dies geschieht am besten morgens oder abends, wenn die Temperaturen ein moderates Level erreicht haben. Hier sollte allerdings auf die entsprechenden Vorlieben des jeweiligen Kaktus geachtet werden. Einige Pflanzen, z.B. jene, die aus tropischen Bereichen stammen, mögen eine immer gleichbleibende Feuchtigkeit der Erde. Zur Kontrolle bietet der Handel einen Feuchtigkeitsmesser an, natürlich kann das Substrat in kleineren Töpfen auch mit den Fingern untersucht werden.

Zum Überwintern von Kakteen eignet sich gut ein kühles Treppenhaus.

Die Techniken des Gießens

Für das Gießen von Kakteen gibt es mehrere Varianten. Optimal ist eine Bewässerung von unten her, bei der sich das Substrat vollsaugt. Dafür stellt man den im Plastiktopf befindlichen Kaktus auf eine Unterlage, z.B. in eine mit Wasser gefüllte Schale oder einen größeren Übertopf. Die Pflanze bleibt so lange auf dieser Unterlage, bis die Erde ganz durchfeuchtet ist. Anschließend muss sie sofort aus dem Wasser, ordentlich abtropfen und zurück an ihren Platz.

Eine andere Methode ist die Anstaumethode, die sich allerdings nicht für Gewächse in sehr sandigem Substrat eignet. Hier wird der komplette Topf in eine mit Wasser gefüllte größere Schüssel oder in eine Badewanne getaucht.

Eine gute Pflege begünstigt die Blütenbildung, wie hier bei *Rebutia minuscula*.

Wenn sich keine Luftbläschen mehr bilden, muss der Kaktus sofort aus dem Wasser und abtropfen. Auch er kommt wieder an seinen Platz.
Im heißen Sommer können Kakteen – auch solche, die ihren Standort im Freien haben – zusätzlich abgebraust werden. Das tut ihnen besonders gut. Für diese Maßnahme ist die Mittagszeit, in der die Sonnenstrahlen recht grell und aggressiv auf die Pflanzen einfallen, allerdings zu meiden. Das starke Licht würde durch die Wassertropfen auf dem Pflanzenkörper gebündelt und könnte damit Verbrennungsschäden verursachen. Wir kennen dieses Prinzip von der Lupe, mit der man durchaus in der Lage ist, ein Feuer zu entfachen.

Gießen in der Winterruhe?

Je nach Art wird ab September weniger gewässert. Ganz nach Konstitution und Anspruch der jeweiligen Pflanzen sollte man bedarfsorientiert und schrittweise die Wassergaben reduzieren. Ab Oktober beginnt die Winterruhe der meisten Kakteen. Einige verlangen in dieser Periode durchgehende Trockenheit, andere mögen leicht feucht gehalten werden. Tropische Kakteen, z. B. *Schlumbergera*-Arten, kommen gar nicht in ein gesondertes Winterquartier. Die Übersicht über die „Pflegeleichten Arten für Einsteiger" (siehe Seite 37) gibt über Bedürfnisse einzelner Arten Auskunft. Viele in Winterruhe stehende Kakteen sollten ab Februar wieder gegossen werden, anfänglich jedoch sehr sparsam. Bis etwa Mitte/Ende März sind die Wassergaben sukzessive zu steigern, und ab diesem Zeitpunkt wird wieder normal gewässert. Zum Gießen benutzt man am besten abgestandenes Leitungswasser oder sauberes Regenwasser.

Kakteen in Hydrokultur

Die Kultur von Kakteen ist auch in Hydrosystemen möglich. Prinzipiell lassen sich alle Standard-Hydro-Substrate wie Blähton, Kiesel oder Plastik verwenden. Soll ein Kaktus, der vorher in Erde gewachsen ist, nun in Hydrokultur gepflegt werden, muss das komplette Wurzelwerk vom Altsubstrat befreit werden. Dafür bietet sich an zu warten, bis die Erde trocken ist. Auf diese Weise lässt sich die Wurzel wunderbar freilegen. Anschließend sollte sie gründlich mit warmem Wasser gespült werden, um letzte Reste des Substrats zu entfernen.

Anfänglich erhält der Hydro-Kaktus ausschließlich Wasser ohne Nährstoffzugabe. Die Beigabe von im Fachhandel erhältlicher Nährlösung erfolgt dann nach 3–4 Wochen. Im Winter wird der Wasserpegel konstant niedrig gehalten, sodass die Wurzel nur schwach feucht bleibt. Auf Nährstoffzusatz kann während der kalten Monate verzichtet werden. Fachmännischer Rat zur Hydrokultur und den allgemeinen Grundsätzen dieser Pflegemethode kann im Gartenmarkt oder über Spezial-Literatur zu Rate gezogen werden.

Düngen

Die meisten Kakteen werden nur im Frühjahr und Sommer bis Ende August gedüngt – nämlich dann, wenn das Substrat ausgelaugt ist und neue Nährstoffe benötigt. Der Düngerbedarf ist bei den diversen Pflanzen recht unterschiedlich. Per Faustregel kann gegen Ende März/Anfang April und erneut im Juli gedüngt werden.

Einige Kakteen beanspruchen allerdings individuelle Düngergaben. So möchten z. B. die aus tropischen Gebieten stammenden Gewächse, insbesondere die Epiphyten, häufiger gedüngt werden als die typischen Wüstenpflanzen. Für die meisten Kakteen ist der Gebrauch von handelsüblichem Spezial-Kakteendünger die beste Lösung. Dieser ist besonders arm an Stickstoff, was auf die Dauer überlebenswichtig für eine Vielzahl von Kaktusgewächsen ist. Einige Arten jedoch – z. B. *Rhipsalis* und *Selenicereus* – verlangen normalen Zierpflanzendünger. Wurde eine Pflanze gerade umgetopft, kann der Dünger zunächst gespart werden, da das frische Substrat die erforderlichen Nährstoffe enthält.

Die Blüte begünstigen

Damit die Kakteen Blüten bilden, muss man einige Faktoren beachten. So schafft man die denkbar günstigsten Voraussetzungen für prachtvoll blühende Kakteen und für eine befriedigende Kultur, die alljährlich mit Flor erfreut.

Das Blühverhalten hängt unter anderem von der jeweiligen Art ab. Hochwüchsige Säulenkakteen, wie z. B. *Pachycereus*, *Carnegiea* und *Myrtillocactus*, blühen erst nach vielen Jahren und bei entsprechend ausreichender Größe. Natürlich müssen auch kleinwüchsige Kakteen zunächst ihr blühfähiges Alter erreichen. Einige Arten sind bereits nach einem Jahr in der Lage, Knospenansätze zu bilden, andere benötigen zehn Jahre und mehr. Manche Kakteen werden in Zimmerkultur überhaupt nicht zur Blüte gelangen.

Ein wichtiges Kriterium für die Blütenbildung ist die Ernährung der Pflanzen. Grundsätzlich gilt: Sollen Kakteen zur Blüte angeregt werden, müssen die meisten Arten stickstoffarm ernährt, also entsprechend gedüngt werden. Kakteendünger enthält nur geringe Stickstoffanteile, dafür aber mehr Kalium und Phosphor und ist damit als „Blühdünger" geeignet. Wichtig für die Blütenbildung ist die jedes Jahr einzuhaltende Ruhephase, die die meisten Kakteen in den Wintermonaten halten möchten und in der die Wassergaben erheblich reduziert werden. In dieser Zeit bilden die Gewächse ihre Knospenansätze.

Nur mit Handschuhen: Umtopfen

Kakteen werden dann umgetopft, wenn dem Wurzelsystem im alten Topf nicht mehr ausreichend Platz geboten wird. Einige Pflanzenfreunde topfen ihre Schützlinge grundsätzlich im Turnus von zwei Jahren um. Manche Kakteen wachsen oberirdisch zwar nur langsam, dafür deren Wurzeln umso schneller. Das gilt in besonderem Maß für Rübenwurzler. Ein deutlicher Indikator für zu umfangreiche Wurzeln sind die aus den Löchern des Topfes wachsenden Fasern. In diesem Fall muss ein Gewächs schleunigst in einen größeren Behälter gesetzt werden. Dieser sollte nach Möglichkeit nur eine oder zwei Nummern größer gewählt werden, denn ein zu voluminöses Gefäß bringt den Nachteil mit sich, dass aufgenommene Nässe um ein Vielfaches langsamer abgegeben werden kann.

Das Umtopfen ist an sich ganz einfach. Man wählt dafür einen Zeitpunkt, an dem das Substrat trocken und damit schön locker geworden ist. Um den Wurzelballen zu lösen, klopft man den Topf leicht auf einer harten Unterlage auf. Aus den Löchern hervorstehende Wurzelteile sollten nach Möglichkeit unbeschädigt aus diesen herausgezogen werden. Ist dies nicht möglich, müssen die Fasern sauber mit einem scharfen und keimarmen Messer abgetrennt werden. Um den Kaktus gut fassen zu können, empfiehlt es sich, dicke Gärtnerhandschuhe zu tragen. Besonders dornige Exemplare können mit Styropor oder Zeitungspapier angehoben und vom Topf befreit werden. Anhaftendes Altsubstrat kann mit den Fingern, mit einem Stift und mit einem Pinsel sorgfältig entfernt werden. Anschließend wird die Pflanze in einen größeren Topf mit frischer Erde gesetzt.

Die Kakteen sollten nach dem Umtopfen nicht direkt gegossen werden. Um ihnen eine Eingewöhnungsphase zu gewähren, wässert man den Topf erst einige Tage später.

Unbedingt einhalten: Winterruhe

Ab **Mitte bis Ende Oktober** kommen die meisten Kakteen in einen Überwinterungsraum. Dort bleiben sie bis etwa Ende Februar/Anfang März. Die Pflanzen sollen hier nicht auf der Fensterbank, sondern an einem hellen und gut gelüfteten Standort untergebracht werden. Einige Kakteenfreunde räumen ihre Gewächse in den Keller. Je nach Art muss die Umgebungstemperatur zwischen 5 und 15 °C Celsius liegen. Individuelle Werte für einzelne Pflanzen finden sich im Abschnitt „Pflegeleichte Arten für Einsteiger" (siehe Seite 37). An weniger kalten Tagen darf man ruhig ab und zu durchlüften.

Das Gießverhalten während der Winterruhe orientiert sich an den jeweiligen Bedürfnissen der verschiedenen Kakteen. Einige Arten verlangen, völlig trocken zu stehen, andere brauchen eine regelmäßige (meist nur sehr sparsame) Wasserzufuhr.

Im Verlauf der winterlichen Ruhephase reduzieren die Kakteen ihre natürlichen Körperfunktionen auf ein Minimum, sammeln neue Kräfte und bereiten sich auf die Blüte im nächsten

Echinocereus triglochidiatus kann in unseren Breiten im Freien überwintern, braucht aber einen Regenschutz.

Jahr vor. Sie sollten in dieser Zeit wenig Stress ausgesetzt sein und sich in Ruhe erholen dürfen.

Zum Ende der Überwinterungsperiode, etwa in der **zweiten Februarwoche**, kommen die Kakteen wieder an ihren Platz. Deckt man die Kakteen vorübergehend ab, so kann man dem Einfluss der recht grellen Februarsonne begegnen. Gerade während der Mittagszeit sollten die noch müden Kakteen mit Zeitungspapier oder Seidentüchern geschützt stehen. Eine solche Maßnahme verhindert, dass die Triebe sich zu rasch weiterbilden und bewahrt die Kakteen außerdem vor Verbrennungsschäden. Nun werden allmählich und vorsichtig auch die Wassergaben wieder gesteigert. Ab April beginnt allmählich die Vegetationsperiode der meisten Kakteen.

Winterharte Kakteenarten

Ein besonderes Kapitel der Kakteenpflege ist die Kultur der winterharten Arten. Diese können im Freiland ausgepflanzt und ganzjährig dort gehalten werden. Es gibt eine recht umfangreiche Auswahl an Kakteen, die im mitteleuropäischen Raum für den Garten geeignet sind und teilweise Temperaturen unter -20 °C ertragen. Einige Arten brauchen im Winter einen speziellen Schutz, z. B. eine Abdeckung, andere hingegen kommen problemlos über die kalten Monate. Vor wenigen Jahren waren winterharte Kakteen noch eher eine Seltenheit und als Nischenprodukte den Fachhändlern vorbehalten. Heute können die populärsten Exemplare, z. B. Arten der Gattungen *Opuntia* (Feigenkaktus) und *Echinocereus* (Igelsäulenkaktus), in manchem Gartencenter oder über den floristischen Versandhandel beschafft werden. In den Tabellen finden Sie eine Übersicht über die gängigen Pflanzen, sie sind nach einem speziellen Schlüssel geordnet. Einige Kakteengärtnereien verkaufen auch Arten der Gattungen *Austrocactus*, *Pediocactus* oder *Pterocactus* als winter-

Winterharte Kakteen (Auswahl; ohne Gewähr)

Pflanze	Temperatur	Regenschutz
• ***Ancistrocactus***		
Ancistrocactus tobuschii	***	⋀
• ***Coryphantha***		
Coryphantha chihuahuensis	**	⋀
Coryphantha echinus	**	⋀
Coryphantha macromeris	**	⋀
Coryphantha runyonii	**	⋀
• ***Echinocereus***		
Echinocereus adustus	** / ***	⋀
Echinocereus albispinus	*	⋀
Echinocereus baileyi	*	⋀
Echinocereus cinerascens	****	⋀
Echinocereus coccineus	* / **	⋀
Echinocereus dasyacanthus	** / ***	⋀
Echinocereus engelmannii	** / ***	⋀
Echinocereus fasciculatus	**	⋀
Echinocereus fendleri	*	⋀
Echinocereus kuenzleri	*	⋀
Echinocereus lloydii	***	⋀
Echinocereus reichenbachii	*	⋀
Echinocereus rigidissimus	***	⋀
Echinocereus roetteri	** / ***	⋀
Echinocereus russanthus	**	⋀
Echinocereus triglochidiatus	* / **	⋀
Echinocereus viridiflorus	* / **	⋀

(Fortsetzung)

Pflanze	Temperatur	Regenschutz
• ***Escobaria***		
Escobaria albicolumnaria	***	⋀
Escobaria asperispina	***	⋀
Escobaria chaffeyi	****	⋀
Escobaria guadalupensis	**	⋀
Escobaria leei	**	⋀
Escobaria minima	***	⋀
Escobaria missouriensis	*	⋀
Escobaria orcuttii	**	⋀
Escobaria sandbergii	**	⋀
Escobaria sneedii	***	⋀
Escobaria tuberculosa	**	⋀
Escobaria villardii	** / ***	⋀
Escobaria vivipara	* (**)	⋀
• ***Gymnocalycium***		
Gymnocalycium achirasense	****	⋀
Gymnocalycium andreae	****	⋀
Gymnocalycium borthii	****	⋀
Gymnocalycium bruchii	***	⋀
Gymnocalycium chubutense	**	⋀
Gymnocalycium gibbosum	** / ****	⋀
• ***Maihuenia***		
Maihuenia poeppigii	*	– (⋀)
• ***Notocactus***		
Notocactus mammulosus	****	⋀

(Fortsetzung)

Pflanze	Temperatur	Regenschutz
• ***Opuntia***		
Corynopuntia clavata	* / **	⋀
Corynopuntia grahamii	****	–
Cylindropuntia imbricata	* / **	–
Cylindropuntia leptocaulis	***	–
Cylindropuntia spinosior	**	–
Cylindropuntia versicolor	***	⋀
Cylindropuntia viridiflora	*	⋀
Cylindropuntia whipplei	* / **	–
Maihueniopsis darwinii	*** / ****	– (⋀)
Maihueniopsis hickenii	****	⋀
Maihueniopsis minuta	*** / ****	⋀
Maihueniopsis neuquensis	*** / ****	⋀
Maihueniopsis ovata	****	⋀
Opuntia angustata	***	⋀
Opuntia basilaris	** / ***	⋀
Opuntia compressa	* / **	–
Opuntia engelmannii	**	–
Opuntia erinacea	**	⋀ (–)
Opuntia fragilis	* (**)	–
Opuntia hystricina	**	⋀ (–)
Opuntia macrocentra	** / ***	⋀ (–)
Opuntia macrorhiza	**	–
Opuntia phaeacantha	* / **	–
Opuntia polyacantha	** / ***	⋀ (–)

(Fortsetzung)

Pflanze	Temperatur	Regenschutz
Opuntia pottsii	**	–
Opuntia rhodantha	** / ****	/\ (–)
Opuntia rutila	**	–
Opuntia sanguinicula	**	–
Opuntia tortispina	**	–
Opuntia violacea	***	/\
Opuntia xanthostemma	**	–
• **Sclerocactus**		
Sclerocactus parviflorus	* / **	/\

Schlüssel für die klimatische Zuordnung der winterharten Kakteen	
*	Kakteen ertragen Temperaturen von unter -20 °C
**	Kakteen ertragen Temperaturen bis -20 °C
***	Kakteen ertragen Temperaturen bis -15 °C
****	Kakteen ertragen Temperaturen bis 0 °C
/\	Kakteen benötigen Regenschutz
/	Angaben, die durch einen Querstrich getrennt sind, geben an, dass die entsprechende Pflanze in unterschiedlichen Varietäten verschiedene Temperaturen verlangen kann.
( )	Angaben in Klammern bedeuten, dass mindestens eine Varietät oder Unterform die angegebene Temperatur verlangt

harte bzw. frostharte Kakteen. Diese sind jedoch nur eingeschränkt und ausschließlich in sehr milden Gebieten winterfest. Es gibt einen deutlichen Unterschied zwischen **winterharten** und **frostharten** Kakteen. Frostharte Kakteen leben z. B. in südamerikanischen Hochgebirgen und vermögen sehr niedrige Temperaturen zu ertragen (gerade nachts können das schon mal bis zu −40 °C sein!). Zu diesen zählen diverse Arten der Gattungen *Trichocereus*, *Gymnocalycium*, *Lobivia*, *Matucana*, *Oreocereus*, *Oroya* und andere. Die Annahme, dass solche Kakteen dann auch automatisch in mitteleuropäischen Gefilden winterhart sein müssen, ist schlichtweg falsch. Diese so genannten frostharten Arten kommen bei Temperaturen unter −10 °C mit der hiesigen Luftfeuchtigkeit nicht zurecht. Südamerikanische Klimate bieten den Pflanzen bei kaltem Wetter weniger als 20 % Luftfeuchte. Solche Werte sind in Mitteleuropa natürlich unmöglich.

Es kann durchaus gelingen, einen *Trichocereus bridgesii* im Topf und auf der Terrasse etwas vor Regen geschützt, gut über den Winter zu bringen. Trichocereen scheinen überhaupt eine gewisse Winterhärte aufzuweisen.

Pflege der winterharten Kakteen

Die Pflege und das Handling der im Garten kultivierten winterharten Kakteen weichen von der Behandlung der im Zimmer zu pflegenden Kaktusgewächse ab. Freilandkakteen werden **von April bis Anfang August** wöchentlich kräftig gewässert und in etwa zweiwöchigem Turnus gewissenhaft gedüngt. Das Düngen wird ab August eingestellt und die Bewässerung schrittweise bis auf ein Minimum reduziert, da die Pflanzen bereits ab Mitte September mit ihrer Überwinterungsperiode (oder besser Ruhephase) beginnen. Selbstverständlich erfüllt die Funktion dieser Vegetationspause die gleichen Zwecke wie es schon von den Zimmerkakteen bekannt ist. Von **September bis April** reduzieren die Pflanzen ihre natürlichen Funktionen auf ein Minimum und sammeln Kraft für die ab Mai beginnende Blütezeit. Erreichen die Temperaturen während der kalten Jahreszeit einen Wert von unter -20 °C, empfiehlt es sich dringend, die Gewächse etwas abzudecken. Wenn sich ab April die ersten Blütenansätze bilden, ist es für den Freilandkakteen-Halter wieder Zeit, die Kakteen zu wässern und zu düngen.

Unerwünschte Schädlinge und Krankheiten

Schädlinge

Wenn ein einzelner Kaktus oder gar die ganze Sammlung plötzlich zu kränkeln beginnt, können dafür verschiedene Auslöser die Ursache sein. Mit dem nötigen Spezialwissen und der Zuhilfenahme einer Reihe diagnostischer Parameter ist es möglich, anhand der Symptome die Krankheit oder den Schädlingsbefall zu erkennen und zu behandeln. Zwar können Kakteen durchaus auch von Viruserkrankungen oder bakteriellen Infekten befallen werden. In den meisten Fällen jedoch handelt es sich im Falle eines Falls um tierische **Schädlinge**, die häufig über neu eingekaufte Pflanzen in die Samm-

lung eingeschleppt wurden. Die saugenden Insekten, etwa Blattläuse und andere, verursachen durch ihre Einstiche und Absonderungen weitere Krankheiten, zumeist **Pilzerkrankungen**.
Bei den **Nützlingen** handelt es sich ebenfalls um Tiere. Damit sind solche gemeint, die sich von den Schädlingen ernähren und diese damit minimieren oder gänzlich von den Pflanzen entfernen. Den Kakteen selbst fügen sie keinen Schaden zu. Nützlinge erhält der Kakteenfreund über die im Serviceteil angegebenen Bezugsquellen.

Blattläuse (Überfamilie Aphidoidea)

Schädling und Symptome: Blattläuse sind sehr häufige Schädlinge. Die grünen Tierchen sind deutlich sichtbar. Sie stechen Triebe an, saugen Saft aus dem Pflanzenkörper und scheiden den so genannten Honigtau aus. Im Endeffekt schädigt der durch die Einstiche und Ausscheidungen entstandene Rußpilz die Pflanze.
Behandlung: Behandlung mit Neem® Schädlingsfrei (Neem® ist ein rein pflanzliches, bienen- und nützlingschonendes Präparat aus Samenextrakt des Neembaumes)

Dickmaulrüssler (Gattung *Otiorhynchus*)

Schädling und Symptome: Man unterscheidet zwei Arten des Dickmaulrüsslers, den schwarzgefärbten und den braungefärbten Dickmaulrüssler. Die erwachsenen Tiere fressen Kakteentriebe an, die Larven verstecken sich im Substrat und schädigen das Wurzelsystem. Die Pflanze wird mit der Zeit und mit zunehmendem Befall welk und leblos. Sie fällt in sich zusammen. Dickmaulrüssler kommen hauptsächlich im Winter und Frühjahr vor.
Behandlung: Die Käfer können recht leicht mit der Hand abgenommen werden. Es empfiehlt sich darüber hinaus der Einsatz der Raubnematode als Nützling.

Fadenwürmer (Stamm Nematoden)

Schädling und Symptome: Der an Kakteen vorkommende Nematode nennt sich *Heterodera cacti*. Die Nematoden sitzen im Substrat an der Wurzel und zerfressen diese sukzessive. Die Schädlinge selbst sind nicht sichtbar. Die Pflanze stellt aber das Wachstum

Gefürchtete Ruß(tau)pilze

Pflanzensaugende Insekten hinterlassen auf der Pflanze ihren zuckerhaltigen Kot, den Honigtau, auf dem die Ruß(tau)pilze aus der Familie der Capnodiaceae, einen braunschwarzen Pilzrasen bilden. Dadurch wird die Assimilationsleistung der Pflanze beeinträchtigt.

Mein Tipp für Sie

Tipp

Alternativ zum Einsatz des Präparats können Sie die Blattläuse **von Hand** entfernen, abwaschen oder mit Flüssigseife (zum Beispiel Neudosan®) so gut wie möglich abreiben. Sie können auch selbst eine Sprühlösung zubereiten. Diese können Sie aus vier Teilen Wasser, einem Teil Reinigungsalkohol und einem Teil flüssiger Schmierseife leicht herstellen. Mit dieser Lösung werden die befallenen Pflanzen besprüht, notfalls auch mehrfach.

ein oder minimiert dieses radikal. Da viele Kakteen recht langsam wachsen, lassen sich Nematoden häufig erst sehr spät ausmachen. Wurzelälchen bilden an der Wurzel kleine runde Zysten, die mit mehreren hundert Eiern gefüllt sind. Daher weitet sich die Population der Schädlinge über die Zeit massiv aus.

Behandlung: Beim Befall mit Nematoden kann man für das Fortleben der betroffenen Pflanzen keine gute Prognose aufstellen. Falls es möglich ist, sollte man Stecklinge sichern und die Pflanze über den Abfall entsorgen oder gar verbrennen.

Ein Schildlausbefall ist nicht zu übersehen.

Schildläuse (Überfamilie Coccoidea)

Schädling und Symptome: Es gibt mehrere Arten von Schildläusen, die sich in zwei Gruppen teilen, die Deckelschildläuse und die Napfschildläuse. Für Kakteen gefährlich sind die *Gemeine Napfschildlaus* und die *Halbkugelige Napfschildlaus*, die *Schwarze Napfschildlaus* und die *Kaktusschildlaus* (die, wie der Name schon sagt, am häufigsten auf Kakteen zu finden ist), die *Wollsack-Schildlaus* und die *Cochenille-Laus* (die einen Vorzug bietet, weil sie als Farbstofflieferant auf Opuntien genutzt wird; siehe Seite 14).

Alle Schildläuse stechen die befallene Pflanze an, saugen den Pflanzensaft und scheiden Honigtau aus. Dies hat wie bei der Blattlaus einen Rußpilz-Befall zur Folge. Anfänglich sind nur akut betroffene Stellen verpilzt, später breitet sich der Rußpilz durch Sporenverteilung über die ganze Pflanze aus.

Schildläuse sind deutlich sichtbar. Die Schädlinge kommen an vielen Kakteen (hauptsächlich an Blattkakteen und *Opuntia*-Arten) vor und schädigen diese ähnlich der Schmier- oder Blattlaus. Vor allem die Deckelschildlaus-Weibchen, also die Muttertiere, sind für die Kakteen gefährlich. In ihrer Jugend bewegen sich die Weibchen noch, später setzen sie sich an der Pflanze fest und schützen sich durch ihren Panzer, den „Deckel“, unter dem sich sämtliche Eier befinden. Beim Versuch, die Weibchen vom Pflanzenkörper abzunehmen, fallen alle Eier und die bereits geschlüpfte Lausbrut aus dem Panzer heraus und befallen weitere Pflanzenteile.

Behandlung: Man kann versuchen, mit einem in warmem Seifenwasser (Neudosan®) getränkten Lappen die Pflanze sauber zu wischen. Dabei sollte mit dem Tuch immer in eine Richtung gerieben werden, damit die Tierchen nicht verteilt werden und sich damit noch weiter ausbreiten. Der Fachhandel bietet Schlupfwespen als Nützlinge an, die meist gute Dienste leisten. Auch die bei Blattlausbefall wirksame und selbst herstellbare Sprühlösung (siehe Kasten) ist ein recht geeignetes Hilfsmittel gegen die Schildlaus. Es empfiehlt sich, die Maßnahmen zu kombinieren.

Schmierläuse (Familie Pseudococcidae)

Schädling und Symptome: Schmierläuse bzw. Wollläuse sind vorzugsweise in den Wintermonaten häufig an Kakteen zu finden. Sie bilden am Pflanzenkörper weißliche bis graue Gespinste, die ein wenig an Zuckerwatte erinnern. Schmierläuse stechen den Kaktus an und saugen den Saft aus den Zellen. Die Schädlinge scheiden wie die Blattläuse Honigtau aus. Die Einstichstellen und Ausscheidungsorte entwickeln sich dann rasch zu von Rußtau befallenen Herden.
Behandlung: Die Schmierlaus schädigt die Kakteen wie die vergleichsweise leicht zu bezähmende Blattlaus. Eine Bekämpfung dieses Schädlings schien bislang fast aussichtslos. Einzig der Einsatz von systemischen Insektiziden oder von Paraffinmitteln gilt bisher als Erfolg versprechend.
Weitere Maßnahme: Unterstützend können Schlupfwespen (*Leptomastix*) und der Australische Mareinkäfer (*Cryptolaemus montrouzieri*) als Nützlinge eingesetzt werden.

Trauermücken (Familie Sciaridae)

Schädling und Symptome: Die Larven der Trauermücke schädigen Aussaat und Kakteen-Sämlinge. Sciara-Fliegen sitzen im Substrat, fressen die Samenkörner an und höhlen diese aus. Ansonsten fressen die Schädlinge organische Abfallprodukte, wie abgestorbene Wurzeln und ähnliches.

Mein Tipp für Sie

Tipp

Sie können selber eine wirksame und **umweltverträgliche Lösung** herstellen. Mischen Sie etwa 70 % warmes Wasser mit 30 % Salatöl in einer Sprühflasche und geben Sie zum Schluss einen Spritzer Spülmittel dazu. Anschließend schütteln Sie die Flüssigkeit gut durch und sprühen die befallenen und mittlerweile ausgetopften Pflanzen ein. Isolieren Sie die kranken Pflanzen von den gesunden und platzieren Sie sie außerhalb der Sonne. Der anhaftende Ölfilm erstickt zwar wie gewünscht die gesamte Laus-Brut und -Population auf dem Gewächs, induziert aber auch bei Sonneneinstrahlung den so genannten Lupen-Effekt. Das Öl würde das Sonnenlicht bündeln und die Pflanze Verbrennungen erleiden.

Behandlung: Trauermücken lassen sich recht erfolgreich mit Gelbtafeln

Das typische Schadbild der Spinnmilbe.

aus dem Gartenfachmarkt bekämpfen. Zusätzlich kann man Raubnematoden und die Raubmilbe als Nützlinge einsetzen.

Spinnmilben (Familie Tetranychidae)

Schädling und Symptome: Man kennt zwei Arten der Spinnmilbe, die echte und die falsche Spinnmilbe. Kakteen werden in der Hauptsache von der falschen Spinnmilbe (Rote Spinne) befallen. Beim Blick mit der Lupe sind rote, bis zu 0,5 mm große Punkte erkennbar. Die Schädlinge stechen die Triebe der Kakteen an und pumpen Luft in die Zellen. Betroffene Stellen verblassen mit der Zeit und färben sich weißlichgrau, gelblichbraun oder werden korkig.
Behandlung: Empfehlenswert ist eine Behandlung mit Neem-Präparaten.

Mein Tipp für Sie

Tipp

Die Spinnmilbe erträgt keine hohe **Luftfeuchtigkeit**. Um diese zu steigern, können Sie zum Beispiel für einige Zeit eine Plastiktüte über die befallene Pflanze stülpen.

Thripse (Blasenfüße, Ordnung Thysanoptera)

Schädling und Symptome: Thripse erzeugen ein ähnliches Schadbild wie Spinnmilben. Durch das Aussaugen des Pflanzensaftes und die anschließende Luftanfüllung einzelner Zellen des Kaktus wird der Pflanzenkörper nachhaltig geschädigt. Thripse benötigen zum Überleben eine recht niedrige Luftfeuchtigkeit.
Behandlung: Die Schädlinge können mit Gelbtafeln aus dem Gartenmarkt bekämpft werden.
Weitere Maßnahme: Eine Erhöhung der Luftfeuchtigkeit (siehe Spinnmilbe) sorgt wenigstens dafür, dass die Schädlinge sich nicht weiter ausbreiten. Einige Tiere werden absterben und man erreicht somit eine deutliche Befalldezimierung. Unterstützend kann die Raubnematode als Nützling eingesetzt werden.

Weichhautmilben (*Steneotarsonemus laticeps*)

Schädling und Symptome: Die kleinen und daher nur schwer erkennbaren Weichhautmilben sind mit den Spinnmilben verwandt. Weichhautmilben befallen vornehmlich jüngere Kakteentriebe, stechen diese an und saugen den enthaltenen Saft aus. Hat man es einmal gesehen, ist das Schadbild der Weichhautmilbe leicht zu erkennen. Befallene Pflanzen verkrüppeln an den von der Milbenart beschädigten Teilen.
Behandlung: Die Behandlung der Kakteen mit Neem-Präparaten kann hilfreich sein.
Weitere Maßnahme: Wie bei den Spinnmilben und Blasenfüßen kann die Luftfeuchtigkeit durch Überstülpen einer Plastiktüte künstlich erhöht werden. Das bekommt den Schädlingen nicht.

Wurzelläuse (*Protrama flavescens*)

Schädling und Symptome: Der Schädling Wurzellaus ist mit der Schmierlaus verwandt, aber nur schwierig auszumachen. Wurzelläuse befallen das Wurzelsystem und können äußerlich nur symptomatisch erahnt werden. Erst beim kompletten Austopfen des befallenen

Kaktus lässt sich die Diagnose sicher stellen. Am Wurzelwerk bilden sich weißliche, kokonartige Fadengebilde. Befallene Wurzelstränge werden mit der Zeit teilweise absterben und schlussendlich durch Schimmelpilzbefall verfaulen.
Behandlung: Beim Umtopfen sollte man die Wurzel auf Schädlinge gewissenhaft kontrollieren und bei Befall das Substrat und Wurzelwerk radikal entfernen. Am besten ist es, die Pflanze neu zu bewurzeln. Bei nicht ausgeprägtem Befall kann die Erde komplett entfernt, die Wurzel gesäubert und die Pflanze in frisches Substrat gesetzt werden.

„Kakteenschädling" Hauskatze

Wenn man als Kakteensammler auch noch eine Hauskatze hält, kann dies problematisch werden. Hauskatzen fressen mitunter leidenschaftlich gern und immer wieder Pflanzen z. B. der Gattungen *Schlumbergera*, *Hatiora*, *Aporocactus*, *Opuntia* und *Rhipsalis*. Besonders die neuen und frischen Triebe haben so gut wie keine Chance, sich zu entwickeln.
Die erwähnten Kakteen sind für die Tiere ungefährlich, so wie im Allgemeinen kein wirklich giftiger Kaktus bekannt ist. Allerdings ist es für den Pflanzenpfleger jedes Mal mit einem Schreck verbunden, wenn er wieder unschön zerfledderte und abgekaute Kakteen auf der Fensterbank entdeckt. Der katzenhafte Ideenreichtum ist unermesslich, wenn es darum geht, eine begehrte und offensichtlich wohlschmeckende Pflanze zu erreichen. Da hilft im Zweifelsfall nur eines: die Kakteen hoch oder gar in einen geschützten, „katzenfreien" Raum zu stellen.

Weitere Maßnahme: Unterstützend kann die Raubmilbe als Nützling eingesetzt werden.

Freilandschädlinge

Wenn Kakteen den Sommer über im Freien untergebracht werden oder bestimmte Exemplare als reine Freilandkakteen kultiviert werden, tritt naturgemäß auch eine Reihe von Schädlingen auf, mit denen wir uns im geschlossenen Raum nicht abplagen müssen. Zu diesen zählen:

- Ameisen
- Kellerasseln
- Hundertfüßler
- Ohrenkneifer
- Raupen
- Schnecken
- Springschwänze
- Tausendfüssler

Krankheiten

Pilze

Wird die Kakteensammlung oder die Aussaat einer permanent hohen Luftfeuchtigkeit ausgesetzt, so steigert dies die Gefahr eines Pilzbefalls enorm. Das Pilzgeflecht, das so genannte Mycel, kann nur bei relativ hoher Luftfeuchtigkeit entstehen, sich ausbreiten und schließlich Fruchtkörper bilden. Werden die klimatischen Faktoren des Kakteenstandortes wenigstens annähernd den Bedürfnissen und Anforderungen der Pflanzen entsprechend eingestellt, so ist die Gefahr für eine Pilzerkrankung gering.

Schimmelpilz entsteht aber nicht nur spontan durch übermäßige Feuchtigkeit, sondern ebenso durch die oben dargestellten Schädlinge, die Pflanzen-

teile anstechen, aussaugen und Honigtau absondern. Die meisten der Kontaminationen mit Pilzen werden von den Sauginsekten übertragen. Hier hilft nur, die Kakteen konsequent zu überwachen und vorbeugenden Maßnahmen gegen tierische Schädlinge zu ergreifen.
Aber auch bei aller Vorsicht kann es vorkommen, dass eine der Pflanzen oder die Aussaat von einem Pilz befallen wird. Diese können ausschließlich mit natürlichen oder chemischen Fungiziden (Anti-Pilzmittel) behandelt oder aus der Sammlung entfernt und vernichtet werden. Fungizide sind über die im Serviceteil aufgelisteten Bezugsquellen erhältlich. Dort bekommt man auch fachmännischen Rat, welches der verfügbaren Mittel am verträglichsten ist.
Von Pilzen befallene Kakteen weisen faulige, matschige, schwammige, weiche, manchmal auch glasige Stellen auf und werden bräunlich bis dunkelbraun. Im Volksmund würde man sagen: sie faulen. Oftmals ist der typische schimmelige Belag, der so genannte Pilzrasen, erkennbar.

Wenn man rechtzeitig entdeckt, dass eine Pflanze eine Pilzerkrankung aufweist, ist diese möglicherweise noch nicht sehr weit vorangeschritten. Weist der Kaktus zu Beginn des Befalls an nur wenigen Stellen Fäulnis auf, kann man unter Umständen die betroffene Region mit einem sauberen Messer großflächig auszuscheiden. An einem isolierten Standort kann man hoffen, dass die beschädigte Pflanze verheilt und gesund weiter wächst. Ist die Erkrankung noch im Anfangsstadium, kann im Idealfall noch ein Ableger genommen oder der Pilz sogar komplett entfernt werden. Mit einer Pinzette und einem hartborstigen Pinselchen lassen sich kleinere Pilzherde zumeist recht mühelos entfernen. Hat man einen Pilz auf einer Pflanze entdeckt, muss das betroffene Exemplar unverzüglich von den anderen Kakteen entfernt und in „Quarantäne" gebracht werden. Nur so verhindert man eine übergreifende Ausbreitung

Pilzinfektionen können einen Kaktus zerstören.

An Kakteen vorkommende Pilze

Gattungen:
Diplodia
Fusarium
Gleosporium
Phytium
Phytophtora
Sclerotium

Gruppen:
Rostpilze
Ruß(tau)pilze
Schimmelpilze
Vermehrungspilze

durch umherfliegende und für uns unsichtbare Sporen. Man sollte den Aufwand nicht scheuen, die Ursache des Befalls zu suchen und zu behandeln. Eine ausreichende Belüftung des Kakteenstandortes ist von enormer Wichtigkeit. Verpilzte Aussaaten sind zumeist nicht zu retten und sollten deshalb komplett verworfen werden.

Bakterien

Bakterielle Infektionen verursachen im Pflanzenreich ein ähnliches Schadbild wie Pilz- und Viruserkrankungen. Allerdings sind im Falle eines sowieso nur schwer nachweisbaren bakteriellen Infekts die Möglichkeiten der erfolgreichen Behandlung äußerst gering. Will man die Bakterien erfolgreich bekämpfen, hilft nur die Gabe von Antibiotika. Diese verteilen sich allerdings schlecht bis gar nicht im Gewebe eines Kaktus. Betroffene Pflanzen sollten dringend vom Rest der Sammlung isoliert und durch Verbrennung oder über den Hausmüll entsorgt werden.

Mykoplasmose

Auch die Mykoplasmen gehören zu den Bakterien. Diese kommen im Pflanzenreich ebenso vor wie bei Mensch und Tier. Auch Kaktusgewächse können von Mykoplasmen infiziert werden, jedoch ist bis heute zu dieser Krankheitsform im Kakteenreich nur wenig bekannt. Mutmaßungen zufolge sind Mykoplasmen möglicherweise für die Kammformen (Cristaten-Bildung) einiger Säulenkakteen und für monstrose Pflanzen verantwortlich, wofür es aber keine Belege gibt. Cristat- und Montrosus-Kakteen infizieren augenscheinlich andere Pflanzen nicht. So mancher Kakteenfreund und -sammler würde es sich wünschen.

Ferocactus-Arten, hier *Ferocactus diguetii* var. *carmenensis*, werden leicht von Viren befallen

Viren

In der Pflanzenwelt treten verschiedene Virustypen auf. Viruserkrankungen erzeugen – abgesehen von der Rasenbildung – ein analoges Schadbild wie es für den Pilzbefall typisch ist. Für Kakteen besonders gefährlich ist das so genannte Cactus-X-Virus. Im Wesentlichen werden die Gattungen *Epiphyllum*, *Ferocactus*, *Hatiora*, *Opuntia* und *Schlumbergera* von Viren befallen, was nicht heißt, dass andere Gattungen grundsätzlich verschont blieben oder gar immun wären.

Befallene Kakteen müssen sofort entsorgt werden. Es empfiehlt sich, die Exemplare zu verbrennen. Um die Erreger nicht über die Sammlung zu verteilen, sollten man, während man mit viral infizierte Pflanzen hantiert, Einmallatexhandschuhe benutzt werden. Nur wenn die Diagnose absolut sicher ist und aus-

Nicht zu viel gießen, sonst reißt der Kakteenklörper ein!

geschlossen werden kann, dass ein ganzes Gewächs von einem Virus verseucht ist, kann unter Umständen als letzter Rettungsversuch unter Quarantänebedingungen und mit einem sterilen Messer versucht werden, jüngste Spross-Spitzen zu veredeln (siehe Seite 102)

Kulturfehler – was sonst noch passieren kann

Algen- und Moosbewuchs

Bilden sich Moose oder gar Algen auf der Oberfläche des Substrats, wird die Pflanze zu feucht gehalten. Dies kann gerade bei Arten der Gattungen *Hatiora*, *Rhipsalis*, *Schlumbergera* (Weihnachtskaktus) und ähnlichen Blatt- bzw. Gliederkakteen leicht passieren, da diese im Vergleich zu anderen Kaktusgewächsen relativ oft gegossen werden.

Aufplatzen oder Einreißen

Auch bei diesen Kulturfehlern wurde Wasser im Übermaß verabreicht. Wenn ein Kaktus zu häufig und/oder besonders reichlich gegossen wurde, kann es passieren, dass die wasserspeichernden Zellen übervoll sind. Das Gießen ist im Falle eines aufgeplatzten Kakteenkörpers unbedingt einzustellen, die Wunden des Kaktus dürfen nicht nass werden.

Ausbleiben der Blüte

Einige Kakteen blühen erst in fortgeschrittenem Alter, manche Arten bilden in Fensterbankkultur sogar niemals Flor aus. So muss das Ausbleiben von Blütenständen also nicht unbedingt die Folge eines Kulturfehlers sein. Treiben jedoch bei Exemplaren, die zuvor mit Blüten erfreuten, partout keine Knospen mehr aus, so kann dies diverse Ursachen haben, z. B. unzuträgliche Vegetationsverhältnisse, nicht eingehaltene Winterruhe oder Überdüngung.

Ändert man die Kulturbedingungen dementsprechend, wird man sich bald wieder an Blüten erfreuen.

Chlorose (Bleichsucht)

Die Chlorose wird durch Nährstoffmangel oder Kalküberschuss verursacht und zeigt sich zumeist durch unschöne, blasse Verfärbungen des Pflanzenkörpers. In diesem Fall weist das verwendete Substrat einen für den Kaktus unangemessenen pH-Wert auf. Es muss also überprüft werden, ob für die jeweilige Art die korrekte Erdmischung verwendet wurde, manchmal kann die

Gabe eines geeigneten Düngemittels Abhilfe schaffen. Empfehlenswert ist ein sofortiges Umtopfen in frisches und für die Pflanze geeignetes Substrat.

Etiolement (Vergeilen, Aufschießen)

Wenn die Triebe eines Kaktus über einen recht kurzen Zeitraum abgemagert in die Höhe schießen und eine blasse Färbung aufweisen, spricht man von der typischen Vergeilung. In diesem Fall versucht das Gewächs möglichst schnell in die Nähe des Sonnenlichts zu gelangen, denn es leidet unter längerfristigem Lichtmangel und/oder es wird zu feucht oder zu warm gehalten.

Frost- und Kälteschaden

Sinken die Temperaturen unter 15 °C verfärben sich einige Kakteen und werden sichtlich schlaff. Das hängt jedoch in erheblichem Maß von der jeweiligen Art und der Jahreszeit ab. Bei Temperaturen unter Null neigen viele Kakteen zum Platzen. Das liegt daran, dass die in der Zelle des Kaktuskörpers gespeicherte Flüssigkeit gefriert, sich ausdehnt und schließlich einreißt. Taut eine gefrorene und eingerissene Pflanze wieder auf, bietet die Wunde eine ideale Angriffsfläche für Pilze.

Hockenbleiben (Sitzenbleiben)

Bei falscher oder fehlender Behandlung kann es vorkommen, dass ein Kaktus das Wachstum einstellt. Das nennt man Hocken- oder Sitzenbleiben. Die Ursachen können in diesem Fall vielfältiger Natur sein, z. B. kann ein Licht- oder Wassermangel, ein Hitzestau, ein ungeeignetes Substrat oder Schädlingsbefall vorliegen. Man sollte sich genau informieren, welche Ansprüche der betroffene Kaktus stellt. Das kann über spezielle Literatur oder über ein Beratungsgespräch mit einem Kakteen-Fachhändler geschehen.

Knospenverlust

Verliert ein Kaktus seine Knospen und droht somit, nicht zur Blüte zu gelangen, leidet die Pflanze entweder unter Wassermangel oder sie wurde anhaltender Zugluft ausgesetzt. Manchmal verlieren Kakteen auch ihre Knospen, wenn sie gerade neu gekauft wurden. Das geht zumeist mit einem radikalen Standortwechsel einher, beispielsweise wenn die Pflanze vom Gewächshausklima der Gärtnerei auf die heimische Küchenfensterbank verfrachtet wird. Möglicherweise sind aber auch tierische Schädlinge die Ursache für den Verlust der Knospen.

Verbrennung

Werden Kakteen direkt nach der Winterruhe ungeschützt der aggressiven Frühjahrssonne ausgesetzt, kann dies Brandverletzungen verursachen. In diesem Fall weist der Kaktus Brandflecken auf und die Epidermis (Oberhaut) reißt ein. Das gleiche kann auch passieren, wenn ein gerade gekaufter Kaktus in einem Gewächshaus untergebracht wird. Die klimatische Veränderung und die Einwirkung des direkten Sonnenlichts können den möglicherweise noch schwachen oder verweichlicht gezogenen Pflanzen schwere Verbrennungen zufügen. Auch ein Besprühen von Kakteen während der Mittagshitze bewirkt zuweilen solche Schadbilder, da die am Pflanzenkörper anhaftenden Wassertropfen das grelle Sonnenlicht bündeln. Empfehlenswert ist bei einer vorliegenden Verbrennung eine vorübergehende kühle Lagerung des Kaktus, etwa über 2–3 Wochen, damit sich das Gewächs regenerieren kann. Die weitere Kultur sollte vorerst mit einem Sonnenschutz aus Seidentüchern, Vlies oder Zeitungspapier erfolgen.

Verkorkung

Ältere Kakteen weisen an der Basis ihrer Körper oftmals Verkorkungen und Verholzungen auf. Diese Veränderungen sind Teil des natürlichen Wachstumsprozesses und keine Folge von mangelnder Pflege oder von Schädlingen. Verkorken junge Triebe, so kann dies diverse Ursachen haben, die auf Kulturfehlern oder Erkrankungen beruhen. Möglicherweise liegt ein Schädlingsbefall vor oder der betroffene Kaktus leidet unter Nährstoffmangel oder unzureichender Frischluftzufuhr. Auch nach Verbrennungen können sich solche Verkorkungen einstellen. Die Pflanze sollte möglichst rasch gedüngt oder gar umgetopft und eine Weile unter Beobachtung gestellt werden. Idealerweise sollte der Kakteenfreund in Spezialliteratur nachschlagen oder sich beim Kakteen-Fachhändler erkundigen, ob die Kulturbedingungen den Ansprüchen des Gewächses entsprechen.

Mein Tipp für Sie

Tipp

Um Verletzungen zu vermeiden, sollten Sie während der Arbeit mit den dornigen Kakteen **Gärtnerhandschuhe** aus dickem Leder zu tragen. Kleinere Seitentriebe lassen sich manchmal sogar mit einer Pinzette halten. Besonders stachelige Exemplare kann man gut mit Styroporstreifen oder mehrlagigem Zeitungspapier fassen.

Der Steckling wird durch einen sauberen Schnitt abgetrennt (links) und kann nach 4–6 Wochen, wenn er Wurzeln gebildet hat (oben) eingepflanzt werden.

Die Vermehrungsmethoden

Vegetative Vermehrung

Unter der vegetativen (ungeschlechtlichen) Vermehrung versteht man die Vermehrung über Stecklinge und Kindel (Sprosse, Ableger), die von einer kräftigen Mutterpflanze gewonnen werden. Für die Stecklingsgewinnung werden ausreichend große Teile von bestehenden Trieben abgeschnitten, Kindel hingegen lassen sich zumeist mühelos von sprossenden Kakteen abnehmen.

Stecklingsvermehrung

Um einen Steckling möglichst erfolgreich und sachgerecht von der Mutterpflanze abzutrennen, benötigt man ein sauberes, scharfes und möglichst dünnschneidiges Messer. Dieses sollte man vorher mit Ethanol-Lösung reinigen. Bei Seitensprossen bildenden Kakteen wird ein Trieb von etwa 5–10 cm Länge abgeschnitten. Eintriebig wachsende Kakteen, z. B. Säulenkakteen, werden vorzugsweise in der Mitte geteilt. Man wählt deshalb die Mitte, weil oben liegende und damit jüngere Partien des Gewächses eventuell noch nicht kräftig genug sind und deshalb als Steckling an der Schnittstelle leicht faulen können. Der untere, ältere oder älteste Teil der Pflanze ist zumeist kaum noch in der Lage, Wurzeln zu treiben.

Ein Steckling sollte möglichst an der Schnittstelle konisch zugeschnitten werden. Das geschieht, indem man jede einzelne Rippe in Richtung des Kaktuskerns schräg anschneidet, sodass der untere Teil des Triebstücks nachher einen geringeren Umfang aufweist als der Rest des Stecklings. Diese Maßnahme verhindert, dass das Fleisch des Kaktus sich beim Austrocknen nach innen zurückzieht und die Rinde nach außen übersteht. Um ein adäquates Weiterwachsen der so vermehrten Pflanze zu gewährleisten, sollte darauf geachtet werden, das ringförmige Leitbündel nicht zu verletzen. Die nun innerhalb einiger Wochen entstehenden Wurzeln werden gerade und sauber nach unten wachsen, wenn man den Steckling gerade lagert. Damit die neuen Wurzelfasern des Kaktus sich auch wirklich gerade ausbilden, muss der Steckling so gestellt werden, wie er nachher weiter wachsen wird. Legen wir ihn einfach auf die Seite, werden die Wurzeln an der nach unten weisenden Stelle austreten, also seitlich. In einem leeren Blumentopf oder in einem Glas hat man die Möglichkeit, den Steckling (angelehnt) aufrecht unterzubringen und somit die korrekte Wuchsrichtung zu bestimmen.

Bewurzeln

Zum Bewurzeln bieten sich prinzipiell zwei Möglichkeiten:

- Man lässt die Schnittstelle trocknen und topft den Steckling dann direkt in das Kakteensubstrat. Hier besteht allerdings die Gefahr, dass der Schnitt unter der angetrockneten Epidermis noch feucht ist und die Pflanze an dieser Stelle im Topf allmählich und für den Kakteenfreund unsichtbar fault.
- Man wartet, bis sich neue Wurzelfaserchen gebildet haben. Das kann zwar, je nach Art, bis zu sieben Wochen dauern. Doch ist dies ist die sicherere Methode.

Einige Arten, z. B. *Astrophytum*-Arten, müssen in einer speziellen Art bewurzelt werden. Nachdem die Schnittstelle eines solchen Stecklings ausgetrocknet ist, setzt man diesen auf mineralisches, trockenes Substrat (beispielsweise auf ein Sand-Erde-Gemisch). Hier bildet er dann innerhalb weniger Wochen neue Wurzeln. Erst dann wird die Pflanze in ihr jeweils benötigtes Substrat getopft.

Kindel-Vermehrung

Die Vermehrung über Kindel, also über einen Ableger, ist ein wenig unkomplizierter. Je nach Beschaffenheit und Festigkeit des Kaktus kann ein Kindel im günstigsten Fall einfach abgedreht werden. Manche Ableger bilden sogar an der Mutterpflanze schon ein eigenes Wurzelsystem aus. Beginnt das Wachstum eines Ablegers im Substrat, genügt oftmals das Austopfen, um an solche Kindel zu gelangen. In jedem anderen Fall lässt sich der Spross mit einem sauberen und scharfen Messer leicht abnehmen. Ist das Kindel gewonnen, wird es behandelt wie ein Steckling. Um eventuell vorhandene Riss- oder Schnittstellen auszutrocknen, wird es aufrecht abgestützt und luftig für einige Wochen abgestellt. Nach dem Verheilen der Wunde lassen wir dem Spross Zeit, neue Wurzeln zu schlagen (falls diese nicht bereits vorhanden sind) und setzen ihn anschließend in den Topf.

Rettung kranker Pflanzen

Die Praxis der Stecklingsgewinnung ist besonders nützlich, wenn ein Kaktus krank oder beschädigt ist. Hat man beispielsweise eine Pflanze, die von unten her fault oder an einer beliebigen Stelle des Körpers schwerwiegende Verwundungen aufweist, so kann man nach der oben beschriebenen Methode ein Stück eines gesunden Triebes abschneiden und bewurzeln. Damit rettet man die Pflanze, weil dieser gewonnene Steckling sich nach einiger Zeit zu einem gesunden und eigenständigen Kaktus entwickeln wird, der der kranken und möglicherweise zum Tode verurteilten Mutterpflanze entspricht und damit seinerseits später wieder vegetativ vermehrt werden kann. Es ist also nicht immer unbedingt nötig, ein erkranktes Gewächs zu entsorgen. Das ist besonders dann von erheblichem Vorteil, wenn es sich bei dem Exemplar um einen seltenen oder teuren Kaktus handelt oder wenn dieser vielleicht sogar das Ergebnis eigener Zuchtbemühungen ist.

Generative Vermehrung

Unter der generativen Vermehrung versteht man die Anzucht von Pflanzen aus Samen, also die Kultivierung einer weiteren Generation. Bevor man mit der Anzucht beginnt, sollte man sich alles Benötigte bereitlegen.

Die Samen

Kakteensamen können gekauft oder von fortgeschrittenen Kaktuspflegern nach der Fruchtreife einer Pflanze selbst gewonnen werden.

Samen kaufen

Es gibt mittlerweile in fast jedem Supermarkt und in so gut wie jeder Gärtnerei Kakteensamen. Allerdings handelt es sich bei diesen Mischungen zumeist um Samenabfälle aus großen Pflanzenproduktionen. Es ist also nie vorhersehbar, welche Kakteen-Arten sich aus einem ausgesäten Korn entwickeln wird. Da es manchmal Wochen bis Monate dauert, bis ein Kaktus definitiv identifiziert werden kann, weiß der Kakteenfreund bei solchen Mischungen in der ersten Zeit nicht, mit welchen Pflanzen er es zu tun hat. Nur das sehr geschulte und über Jahre erfahrene Auge ist in der Lage, einige Arten schon direkt nach dem Auflaufen (Keimen) zu erkennen.

Besser ist es, das Samenmaterial einer gewünschten Art oder Sorte gezielt über eine Kakteen-Fachgärtnereien zu beziehen. Nützliche Bezugs-Adressen finden sich im Serviceteil dieses Buches oder im Internet.

Materialien für die Vermehrung aus Samen

- Samen
- Gefäße (Topf oder Zimmergewächshäuschen)
- Substrat
- Pinzette
- Pikiergabel
- eine saubere Unterlage

Mein Tipp für Sie

Tipp

Eine interessante Alternative zur **Samenbeschaffung** bietet das Obst von essbaren Kakteen. Manche Supermärkte bieten saisonal *Opuntia*- (Kaktusfeigen) und *Hylocereus*-Früchte (Pitahaya) an. Diese enthalten nicht nur das leckere Fruchtfleisch, sondern auch die außerordentlich harten und nicht gerade zahnfreundlichen Samen. Diese können Sie mithilfe von warmem Wasser und einfachen Küchentüchern säubern und zur Anzucht von neuen Pflanzen nutzten. Allerdings gelingt dies nicht immer.

Samen ernten

Wer bereits eine Kakteensammlung hat, kann natürlich auch selbst Samen ernten. Nach der Blüte bildet der Kaktus eine Frucht. Kommt diese zur Reife, kann man sich in den meisten Fällen schon auf eine baldige Samenernte freuen.

Nach dem Verwelken der Blüte bildet sich die Frucht des Kaktus aus. Diese muss für einige Zeit reifen. Während des Reifungsprozesses, indem die Frucht immer praller und saftiger wird, entwickelt sich in ihrem Inneren der Samen. Im Frühstadium ist dieser blass und noch nicht keimfähig. Hat die

Ein Kaktus der Gattung *Ferocatus*.

Frucht aber die volle Reife entfaltet, bricht sie zumeist auf und der Samen kann entnommen werden. Manchmal öffnet sich die Frucht auch nicht direkt von selbst. In diesem Fall kann durch vorsichtiges Besprühen und mit einem kleinen, scharfen Messer nachgeholfen werden. Nachdem der Samen von der Pflanze abgegeben wurde, sollte die verwelkte Blüte mitsamt der nun schrumpelnden Frucht abgenommen werden, da sich hier schnell Schimmelpilzkulturen bilden.

Reinigung des Samens

Chemisches Beizen des Samens

Oft wird empfohlen, den Samen vor der Aussaat zu beizen, eine Maßnahme, die das Saatgut vor dem Verfaulen und Schimmelbefall schützt. Ein entsprechendes Beizmittel gibt es in jedem Gartenmarkt. Diese chemischen Beizmittel sind giftig, sie reizen die Haut und dürfen keinesfalls in die Augen geraten. Wenn man Beize verwendet, sollte man sich unbedingt mit Latexhandschuhen oder ähnlichem vor

Mein Tipp für Sie

Tipp

Ein echter Geheimtipp für die Kakteen-Aussaat ist die Verwendung von **Katzenstreu** als Anzuchtsubstrat. Im Handel ist eine Katzen-Einstreu aus hundertprozentigem Sepiolith (Meerschaum) erhältlich, zum Beispiel die Katzenstreu THOMAS® von der Firma Effem. Die meisten der ausgesäten Samen, z. B. *Astrophytum asterias* und *Astrophytum myriostigma*, *Trichocereus peruvianus*, diverse *Turbinicarpus*-Arten und andere, keimen schneller als solche, die auf einfachem Anzuchtsubstrat für Kakteen ausgebracht wurden. Der Kakteensamen wird direkt auf eine 1–2 cm dicke und bereits angefeuchtete Sepiolith-Schicht gegeben und am besten mit einer Sprühflasche gut feucht gehalten.

der hautreizenden Wirkung des chemischen Beizmittels schützen.

Die geernteten Samen werden in einer kleinen verschließbaren Plastiktüte oder einer leeren Samentüte untergebracht. Dann geben wir eine minimale Prise des Beizmittels mit in das Tütchen und schütteln das Ganze gut durch. Mithilfe eines feinen Siebes entfernen wir anschließend die überschüssige Beize.

Säubern des Samens von Hand und ohne Chemie

Wenn man auf das chemische Beizen verzichten will, muss man den selbst geernteten Samen auf andere Weise gewissenhaft säubern. Zu diesem Zweck wäscht man die Körner mit klarem, warmem Wasser und entfernet mit den Fingernägeln vorsichtig das noch anhaftende Fruchtfleisch. Die Samen müssen im Anschluss und vor der Aussaat komplett abtrocknen, da sie sonst zum Schimmeln neigen. Um die Körner zu trocknen, bringt man sie am besten auf grobes Tageszeitungspapier, da die einzelnen Samen auf einem Glasuntergrund, auf Kunststoff oder auf lackierten Holzoberflächen häufig festkleben.

Die Gefäße

Welches Gefäß nehme ich für die Aussaat?

Als passendes Gefäß für die Aussaat bietet sich ein kleines und günstig zu erwerbendes Zimmergewächshaus an. Kleine Töpfchen oder die beliebten Jiffys (fertige Anzuchtgefäße aus Erde) sind zwar auch verwendbar, ein Zimmergewächshaus bietet sich aus praktischen Gründen aber eher an. Mit diesem hat man nicht eine Vielzahl von Einzeltöpfen, sondern ein einziges transportables Gefäß.

Bringt man gleich mehrere Arten aus, empfiehlt es sich, jeder Arten einen separaten und abgesteckten Abschnitt zuzuweisen. Jeder Abschnitt kann dann beispielsweise mit einer kleinen Kennzeichnungstafel aus dem Gartenmarkt beschriftet werden. Damit erspart man sich später die mühsame Identifikation der Pflanzen.

Die von den Kakteensamen benötigte erhöhte Luftfeuchtigkeit wird mit einem lichtdurchlässigen Deckels gewährleistet. Im Handel sind Zimmergewächshäuser erhältlich, die Abdeckungen mit verschließbaren Luftschlitzen besitzen. Diese sind für diese Zwecke geradezu perfekt.

Die Vorbereitung des Gefäßes

In den Boden des Gewächshauses werden einige Löcher gebohrt, etwa 8–10

Mit ein paar Tricks gelingt die Kakteenaussaat: Vor der Aussaat sollte das Substrat gut befeuchtet werden (1). Die eigentliche Aussaat erfolgt am besten mittels eines geknickten Papiers (2). Die Aussaat wird leicht angedrückt (3) und anschließend abgedeckt (4).

Stück von jeweils ungefähr 10–15 mm Durchmesser. Hierfür verwendet man am besten einen Handbohrer, denn mit einem elektronischen Bohrgerät zerstört man schnell den recht dünnen und empfindlichen Plastikboden des Gewächshauses. Diese Löcher dienen der Bewässerung. Die Saat kann auch von oben mithilfe einer Sprühflasche oder einer Gießkanne gegossen werden, besser ist allerdings eine Bewässerung von unten her. Das mit Bodenlöchern versehene Treibhäuschen stellt man dann in eine große und geeignete Unterschale (z. B. in eine Badewanne), in die nachher das Gießwasser gegossen wird. So kann sich das Substrat in Ruhe vollsaugen, und die Samenkörner werden nicht mit einem Wasserstrahl durcheinander gespült.

Es ist auf alle Fälle sinnvoll, zusätzlich eine Wärmequelle unter dem

Anzuchthäuschen anzubringen. Der Fachhandel hält fertige Zimmergewächshäuser mit Heizvorrichtung bereit. Preisgünstigere Varianten sind eine Heizmatte oder eine dicke Styropor-Platte, die unter das Anzuchthäuschen gelegt werden können.
In das Gewächshaus (oder anderenfalls in die zur Aussaat benutzten Töpfchen) bringt man eine Dränage-Schicht ein. Diese kann aus Tonscherben und/oder grobkörnigem Kies bestehen und gewährleistet einen Schutz vor sich stauender Nässe im Substrat. Auf diese Dränage schüttet man eine relativ dünne Schicht Kakteenerde oder ein Mischsubstrat. In aller Regel ist eine etwa 1 cm dicke Schicht Substrat vollkommen ausreichend. Es ist nicht erforderlich, eine 5 cm dicke Erdschicht im Gewächshäuschen unterzubringen, denn die Keimlinge haben nur sehr feine und kurze Wurzeln und werden einige Zeit nach dem Auflaufen sowieso pikiert, also vereinzelt. In aller Regel ist eine etwa 1 cm dicke Schicht Substrat vollkommen ausreichend.

Das richtige Substrat

Für die Wahl des Anzuchtsubstrats gibt es verschiedene Möglichkeiten. Je nach Art kann einfache Aussaaterde, handelsübliche Kakteenerde, Quartz-Sand oder Kokosfaser verwendet werden. Auch ganz anderes Material, z. B. Katzenstreu (siehe Seite 97), kann ausprobiert werden.

Die im Gartenfachhandel erhältliche spezielle Kakteenerde ist für die Aussaat durchaus geeignet. Diese hat einen pH-Wert (Säurewert) zwischen 5,5 und 6,5. Das ist der Idealwert für die meisten Kakteen. Aufgrund der ausgewogenen Nährstoffmischung und der geringen Kalkkonzentration ist diese Fertigerde für den Anfänger gut geeignet, auch wenn einige Arten (z. B. *Gymnocalycium*) eher etwas saueres Substrat (pH-Wert etwa 4,5–5) bevorzugen. Manche Kakteen, beispielsweise *Astrophytum*, *Ferocactus* und *Lophophora*, vertragen den relativ hohen Humusanteil in der gekauften Kakteenerde allerdings nicht besonders gut.

Ebenfalls im Angebot der Gartencenter ist ein Substrat aus Kokosfasern (z. B. KoKo-Hum®), das für die Anzucht aus Samen auch recht brauchbar ist. Diese gepressten Kokosbriketts werden vor dem Gebrauch mit Wasser aufgelöst und ersetzen auf recht passable Weise die gängigen Erdmischungen. Um schon den Bedürfnissen eines Sämlings gerecht werden zu können, lohnt es sich, spezifische Literatur zum jeweiligen Kaktus zu konsultieren. So können die individuellen Anforderungen eines jeden Kakteengewächses berücksichtigt und die entstehenden Pflanzen von Anfang an erfolgreich kultiviert werden.

Anfeuchten des Substrats

Wenn man in den Boden des Zimmergewächshauses Löcher gebohrt hat, kann man einfach etwas Regenwasser oder abgekochtes und ausgekühltes Leitungswasser in die Unterschale des Gewächshauses gießen. Das Substrat saugt sich nun ganz von selbst voll. Erst wenn es vollständig durchfeuchtet ist, nimmt man das Gewächshaus aus der Unterschale.

Da die Samen sich noch nicht auf dem Substrat befinden, kann man ebenso gut noch ein letztes Mal mit einer Gießkanne von oben wässern. Um ein Aufschwemmen der Erde zu verhindern, empfiehlt es sich, eine möglichst große Brause-Tülle zu benutzen. Das Substrat sollte vor der Aussaat gänzlich von leichter Feuchtigkeit durchdrungen sein.

Die eigentliche Aussaat

Da Kakteensaatgut, von einigen Ausnahmen abgesehen, aus recht kleinen Körnern besteht, sollte es direkt aus der Packung gegeben oder mittels eines geknickten Papiers auf die vorbereitete Erde gebracht werden. Dabei werden die Samen im Gegensatz zu vielen anderen Pflanzenaussaaten nicht vollständig mit Substrat bedeckt, sondern nur leicht auf diesem angedrückt. Eine hauchdünne Schicht Sand schützt die Körner vor Schimmelpilzbefall. Wenn man die Erde im Voraus durchfeuchtet, erübrigt sich auch das Angießen.

Während des gesamten Keimungsprozesses darf das Substrat **nicht austrocknen**! Daher sollte man stets die Feuchtigkeit der Erde im Blick haben und bei Bedarf erneut vorsichtig wässern! Nach der Keimung der Samen benötigen diese ebenfalls weiterhin einen konstanten Feuchtigkeitspegel. Um die entstehenden Kakteen nicht zu verweichlichen, vermindert man die Wassergaben erst, wenn die Keimlinge eine sichtbare Robustheit aufweisen.

Wichtig ist zudem eine ausreichende **Belüftung** der Aussaat. Man sollte ab und zu den Deckel des Gewächshäuschens abnehmen bzw. dessen Schlitze öffnen und gut lüften. Eine gewissenhafte Kontrolle auf eventuelle Schimmelbildung schützt vor bösen Überraschungen. Hat sich ein Pilzbefall eingestellt, kann man gegebenenfalls versuchen, diesen zu entfernen. Im Zweifelsfall muss man die Aussaat aber lieber verwerfen.

Das Zimmergewächshaus oder unsere Keimtöpfe müssen zudem in der Nähe einer **Lichtquelle** untergebracht werden. Der Einfluss von indirektem Sonnenlicht animiert das Saatgut zum raschen Keimen, die direkte Sonne hingegen ist für die meist noch recht schwachen Samen meist unverträglich. Bietet sich in einer Wohnung kein heller Standort für die Aussaat an, kann man mit künstlichem Licht Abhilfe schaffen, beispielsweise mit einer oder mehreren Lampen. Besonders vorteilhaft ist, für die Anzuchtstation einen ein Standort zu wählen, der beide Beleuchtungsmöglichkeiten bietet.

Anzucht in der Plastiktüte

Ein anderes Verfahren der Aussaat, das dem Kakteenfreund Arbeit abnehmen soll, funktioniert wie folgt: Der Kaktus-

Mein Tipp für Sie

Tipp

Eine einfache **Pikiergabel** können Sie sich aus einem Eisstiel ohne Mühe selbst basteln. Dafür kerben Sie den Holzstiel an einem Ende mit einer scharfen Schere oder einem Messer ein, sodass er aussieht wie eine gespaltene Schlangenzunge. Die dadurch entstehenden spitzen Ecken sollten nach Möglichkeit abgestumpft werden, um eventuelle Verletzungen der Gewächse auszuschließen. Die konisch geschnittene Kerbe ermöglicht ein optimales Greifen von Kakteenkeimlingen.

Pachycereus pecten-aboriginum.

Samen wird in eine flache, relativ kleine Schale auf ein humusfreies Substrat gegeben. Nun stellt man die Aussaatschale in ein spezielles Wasser, das man vorher mit Volldüngerlösung (0,5 g pro l Wasser) und einem pilzhemmenden Mittel (z. B. Aathiram®) versetzt hat. Wenn das Substrat vollständig durchfeuchtet ist, lässt man überschüssiges Wasser ablaufen. Die Schale wird nun in eine Plastiktüte gestellt. Um die Aussaat beobachten zu können, sollte am besten eine durchsichtige Tüte verwendet werden. Diese muss nun komplett luftdicht verschlossen werden und anschließend an einen hellen, aber nicht vollsonnigen Platz verbracht werden. Die Temperatur sollte bei etwa 20–30 °C liegen. Die Tüte kann nun am gewählten Ort bleiben, bis die Sämlinge pikierbar sind.

Abhärten und Pikieren

Wenn der Samen erfolgreich gekeimt und robust ist, kann der Sämling nach einigen Tagen abgehärtet werden. Unter der **Abhärtung** versteht man das Umsetzen des Sämlings in einen anderen Topf oder ein anderes Gefäß. Dabei nimmt man, z. B. mithilfe eines Teelöffels, das Babypflänzchen aus der Anzuchterde, ohne die winzige und empfindliche Wurzelfaser des jungen Gewächses zu verletzen. Es empfiehlt sich, nicht zu versuchen, den Sämling von der Erde zu befreien, sondern diesen in einem Löffel voll Anzuchtsubstrat abzuhärten. Der kleine Sämling wird dazu samt des umgebenden Substrats aus dem Zimmergewächshaus genommen und in ein anderes Gefäß getopft. Der kleine Kaktus wird durch diese Maßnahme und den damit verbundenen Umgebungswechsel dem Mikroklima des Zimmergewächshauses entrissen und muss sich in der „normalen" Umgebung behaupten. Dadurch gewinnt er an Resistenz und Kraft, er härtet also ab. Dieses Abhärten ist im Grunde eine Vorstufe des Pikierens.

Wenn sich aus den Keimlingen dann nach etwa 2–3 Monaten richtige kleine Kakteen gebildet haben, wird es Zeit, die Pflänzchen zu **pikieren**, also zu vereinzeln. Zu diesem Zweck muss das Substrat um die Kakteen zunächst ein wenig gelockert werden. Das kann z. B. mit einem Stift oder auch mit den Fingernägeln geschehen. Mit einer Pikiergabel und/oder einer Pinzette können die einzelnen kleinen Kakteen vorsichtig genommen und in separate Töpfe gesetzt werden. Dabei sollte zwischen den einzelnen Pflänzchen etwa 2–3 cm Platz gelassen werden, damit sich die einzelnen Gewächse optimal entfalten können. So passen in einen Topf von 8 cm Durchmesser gut 4–5 Baby-Kakteen.

Das Umtopfen

Wenn die Kakteen allmählich an Umfang zunehmen und sich auch das Wurzelwerk auszubreiten beginnt, ist die Zeit für das endgültige Umtopfen gekommen. Nun sollte jeder Kaktus in einen eigenen Topf gesetzt werden. Benutzt man größeres Topfmaterial können aber durchaus auch mehrere Kakteen mit gleichen Kulturbedürfnissen zusammen untergebracht sein.

Verbesserung des Sämlingswachstums

Berichten zufolge wachsen *Trichocereus*-Sämlinge, die nach einer Wachstumsphase von wenigen Zentimetern halbiert werden, wesentlich schneller als nicht abgeschnittene. Die so behandelten Pflanzen bilden außerdem deutlich mehr Triebe. Auch bei zahlreichen anderen Sämlingen, z. B. *Cereus*-Arten, *Myrtillocactus geometrizans*, *Backebergia militaris*, *Pachycereus*-Arten und sogar *Lophophora williamsii* und *Astrophytum*-Arten, konnte durch die Halbierung bei einer ungefähren Sämlingshöhe von 3–4 cm der Wuchs optimiert werden. Warum diese Maßnahme bei manchen Arten wuchsfördernd wirkt ist völlig ungeklärt, leider überleben manche Exemplare diese auch nicht.

Kein großes Geheimnis: Die Veredelung (Pfropfung)

Das sogenannte Pfropfen oder Veredeln von Triebstücken ist eine weitere Methode der Stecklings-Vermehrung, aber auch eine Maßnahme, die ein sicheres Wachstum so mancher eher heiklen Art gewährleistet. Vereinfacht ausgedrückt bedeutet die Veredelung das Aufsetzen eines Kakteenstecklings auf einen anderen, robusteren Kaktus. Ziel des

Pfropfens ist, beide Pflanzen miteinander verwachsen zu lassen, sodass der veredelte Trieb wesentlich schneller wächst als im natürlichen, wurzelechten Zustand. Langsamwüchsige Kakteen, wie beispielsweise *Lophophora williamsii*, wachsen auf eine *Trichocereus*-Art gepfropft um ein Vielfaches schneller, sicherer und anspruchsloser als auf der eigenen Wurzel.

Man kann drei grundlegende Methoden der Kaktusveredelung unterscheiden:

- die Flachpfropfung
- die Spaltpfropfung
- die Seitenpfropfung

Die Flachpfropfung

Die Flachpfropfung ist die klassische und am häufigsten angewendete Veredelungsmethode. Kugel-, Warzen- und Scheibenkakteen und andere werden vornehmlich auf säulige Kakteen gepfropft.

Der Pröpfling

Ein zu veredelndes **Pfropfreis**, auch Pfröpfling oder Reis genannt, ist im Grunde ein Steckling und wird so geschnitten, wie es im Abschnitt „Stecklingsvermehrung“ beschrieben wurde (siehe Seite 93). Möchte man einen noch jungen Kaktus veredeln, damit er schneller wächst, so wird der Pfröpfling möglichst in Nähe der Basis abgeschnitten. Soll aber mit der Pfropfung ein älterer, z. B. ein kranker Kaktus gerettet werden, so schneidet man das Pfropfreis von einen noch gesunden Trieb – die Lage spielt in diesem Fall keine Rolle. Die Rippen des Pfropfreises werden, wie von der Stecklingsgewinnung bekannt, abgekantet, die Schnittstelle jedoch nicht ausgetrocknet, da diese mit der Pfropfunterlage verwachsen soll. Um einer eventuellen Fäulnis vorzubeugen, empfiehlt es sich, den Schnitt des Reis Holzkohlepulver aus dem Fachhandel zu pudern.

Die Unterlage

Als **Pfropfstrunk** (Pfropfunterlage) können alle Säulenkakteen ohne Seitentriebe verwendet werden. Besonders geeignet sind natürlich die eher dornenlosen Arten, die ein einfaches Handling garantieren. *Myrtillocactus geometrizans* und *Trichocereus pachanoi* sind beispielsweise Kakteen, die eine erfolgreiche Veredelung möglich machen. Diese bieten aufgrund ihres recht weiten Durchmessers, den relativ wenigen Dornen und ihrer nicht übermäßigen, aber doch konstanten und zuverlässigen Wuchsfreudigkeit eine solide Grundlage für die zu pfropfende Pflanze.

Es können jedoch auch andere Säulenkakteen und weitere *Trichocereus*-Arten benutzt werden, beispielsweise *Trichocereus peruvianus* oder *Trichocereus spachianus*. Einziger Nachteil mancher *Trichocereus*-Arten ist deren ausgesprochene Glitschigkeit, die das Befestigen des Pfröpflings zuweilen erschweren kann. Ist diese Klippe aber einmal umschifft, sind gerade die Pflanzen dieser Gattung ein idealer Partner und Wachstumsbeschleuniger für den gepfropften Kaktus.

Größere Exemplare der Gattung *Opuntia* (Feigenkaktus) oder die zum Veredeln beliebten *Hylocereus*-Arten können ebenfalls als Pfropfstrunk verwendet werden.

So ist der Erdbeerkaktus (*Gymnocalycium mihanovichii* var. *friedrichii* f. 'Rubra'), der in so gut wie jedem floristischen Geschäft erhältlich ist, zumeist auf *Hylocereus trigonus* oder *Hylocereus undatus* gesetzt. *Hylocereus* jedoch ist besonders schnellwüchsig und verlangt relativ tropische Vegetationsverhältnisse, weshalb er für Arten mit andersartigen Ansprüchen weniger geeignet ist. Zu diesen Arten gehören unter anderem *Ariocarpus* und *Astrophytum*. Auf *Hylocereus* gepfropfte Astrophyten, z. B. Bischofsmützen, gibt es häufig in Gärtnereien. Da diese aber wurzelecht zumeist sehr gut gedeihen, sollte ein solcher Pfröpfling umgehend vom Strunk entfernt, bewurzelt und eigenständig weiterkultiviert werden.

Pfropfen Schritt-für-Schritt

Die zukünftige **Pfropfunterlage** wird an einer dicken Stelle und nach Möglichkeit mindestens 10 cm über der Basis sauber und gerade abgeschnitten. Der auf diese Weise entfernte obere Teil ist selbstverständlich nicht verloren: Er kann als Steckling bewurzelt und weiterkultiviert werden. Anschließend muss die Schnittstelle an jeder Rippe abgekantet werden (wie bei der Stecklingsgewinnung), sodass der Durchmesser des Strunks in etwa dem des Pfröpflings entspricht. Dieses Abkanten verhindert, dass die Rinde der Unterlage nach oben hin aushärtet und unser Pfropfreis später einengt oder verletzt.

Der **Pfröpfling** wird nun unter einer Drehbewegung vorsichtig, aber doch fest auf den Strunk gesetzt. Dabei ist darauf zu achten, dass sich die ringförmigen Leitbündel an mindestens einer Stelle berühren. Ist dies nicht der Fall, werden die Kakteen nicht als Einheit miteinander verwachsen – die Pfropfung wäre sinnlos. Die Drehung des Pfröpflings verhindert, dass sich zwischen den Schnittstellen Luftbläschen bilden, die im Nachhinein eine Angriffsfläche für Pilzerkrankungen und Keimbefall darstellen können. Um die Flachpfropfung abzuschließen, fixiert man Unterlage und Reis vorsichtig mit zwei Gummiringen. Diese dürfen allerdings der Stabilität wegen weder zu locker sitzen noch zu fest angebracht sein, da sonst der Pfröpfling entweder zerdrückt wird oder seitlich abzurutschen droht.

Die Spaltpfropfung

Glieder- und Blattkakteen sind für eine flache, wie oben dargestellte Veredelung ungeeignet. Die blattartigen Triebe lassen sich nicht aufdrücken und fixieren, wie z. B. *Mammillaria*-, *Lophophora*- oder *Ariocarpus*-Arten. Um buschige Epiphyten, beispielsweise *Hatiora*, *Schlumbergera*, *Pereskia*, *Rhipsalis* und andere Vertreter einer Pfropfung zu unterziehen, werden deren Triebe sauber am Blattknoten abgeschnitten. Das Pfropfreis kann aus einem Stück von bis zu drei Blättern oder Gliedern bestehen. Mit einem scharfen Messer wird nun die Schnittstelle keilförmig zugespitzt. Die Kunst bei diesem Vorgang ist, das winzige Leitbündel nicht zu verletzen.

Als Pfropfstrunk für diese Methode wählen wir einen schlanktriebigen, recht schnellwüchsigen Kaktus mit wenigen Dornen aus, z. B. *Opuntia subulata*.

Die Pfropfung in Kürze: Entfernen Sie mit einem sauberen Schnitt den Kopf der Unterlage (1). Trennen Sie das Edelreis von der Mutterpflanze (2) und setzen Sie es auf die Unterlage. Mit Gummiringen können Sie das Edelreis an der Unterlage andrücken (3).

Anstatt den Pfropfstrunk einfach zu köpfen und das Reis auf diesen aufzusetzen (was sehr schwierig wäre), schneidet man mitten durch das Leitbündel des Strunks eine Kerbe (also durch den Ring in der Mitte). In diese Kerbe steckt man den Pfröpfling bis zum Anschlag. Man sollte darauf achten, die Leitbündel beider Pflanzen so genau wie möglich zu vereinigen. Dieses Konstrukt wird nun mit 1–2 Nadeln oder Kakteendornen fixiert und idealerweise noch mit einer Schnur gefestigt. Nach einigen Wochen sind beide Pflanzen miteinander verwachsen und die Befestigung kann entfernt werden.

Die Fruchtbarkeit von Kakteen

In der Pflanzenwelt gibt es so genannte selbststerile (selbst unfruchtbare) und selbstfertile (selbst fruchtbare) Pflanzen. Zu den selbstfertilen Kakteen gehören zum Beispiel *Lophophora williamsii* und *Epithelantha micromeris*. Innerhalb dieser Gruppe gibt es die kleistogamischen Kakteen. Diese bestäuben sich selbst in der Blüte und blühen dann nicht mehr. Kleistogamische Kakteen lassen sich nur durch Befruchtung mit Pollen eines Artverwandten zur Samenproduktion bewegen.

Die Seitenpfropfung

Die Seitenpfropfung wird nicht sehr häufig praktiziert, da sie ein wenig mehr an Geschick voraussetzt, aber eigentlich keinen echten Vorteil bietet. Diese Methode soll einem rascheren und besseren Zusammenwachsen der Leitbündel dienen.

Für die Seitenpfropfung sind schnellwüchsige und schlanke Säulenkakteen, z. B. *Trichocereus*- und *Cereus*-Arten, geeignet. Die Schnittstelle des Pfröpflings wird nicht an jeder Rippe abgekantet, sondern schräg angesetzt. Als Unterlage werden vorzugsweise hochwüchsige und schlanke Säulenkakteen verwendet, deren Schnittstelle wie beim Pfropfreis ebenfalls nicht abgekantet, sondern auch hier schräg zugeschnitten wird. Der Pfröpfling wird unter einer Halbdrehung gerade und fest auf die Unterlage gedrückt und mit keimarmen, möglichst desinfizierten Stecknadeln oder mit längeren Kakteendornen fixiert und mit 2–3 Gummibändern zusätzlich seitwärts umschlungen.

Sonderfall: Die flache Seitenpfropfung

Um schlanktriebige Pereskien oder pereskienartige Kakteen sicher zu pfropfen, verwenden Kakteenliebhaber eine Kombination aus Flach- und Seitenpfropfung. Mithilfe dieser Pfropfung können 2–4 Pfröpflinge auf einem entsprechend großen Strunk untergebracht werden. Zudem bietet diese Methode einen relativ guten Schutz vor dem Abrutschen des Pfropfreis. Das zu veredelnde Reis wird mit einer Länge von mindestens 5 cm sauber von der Mutterpflanze abgetrennt und ohne Abkantungen schräg angeschnitten. Sollen nur 1–2 Pfröpflinge veredelt werden, genügt als Unterlage ein größeres Exemplar z. B. einer *Opuntia*-Arten. Sollen es aber bis zu vier werden, empfiehlt sich ein umfangsstarker Säulenkaktus wie *Myrtillocactus*. Der Strunk wird präpariert wie bei der Flachpfropfung.

Die abgeschrägten Pfröpflinge werden unter einer leichten Halbdrehung mittig auf das Leitbündel der Unterlage gesetzt. Entsprechend der Größe und Stärke legt man ein bis drei Gummiringe pro Reis zur Fixation um die Pfropfung.

Sonderfall: Die Sämlingspfropfung

Nässeempfindliche Kakteenarten, z. B. *Astrophytum asterias*, können sicherheitshalber schon im Sämlingsstadium auf einen schnellwüchsigen und nährstoffreichen Strunk wie *Trichocereus* veredelt werden. Diese Maßnahme begünstigt zwar ein wesentlich rascheres Wachstum als die wurzelechte Kultivie-

Eine *Echinopsis*-Hybride als Ergebnis einer Kreuzung.

rung, birgt aber wegen der Empfindlichkeit der noch kleinen Pflanzen das größte Risiko eines Misserfolgs.

Bei der Sämlingspfropfung werden die Sämlinge direkt über den Keimblättern mit einem scharfen Messer oder einer Rasierklinge vorsichtig und sauber abgeschnitten. Die empfindlichen Pflänzchen werden nun mit ihren winzigen Leitbündeln so genau wie möglich unter einer leichten Drehbewegung auf das Leitbündel der Unterlage gesetzt. Je größer der Strunk ist, desto mehr Sämlinge passen nebeneinander. Ein straffes Gummi zur Fixierung würde die Gewächschen verletzen oder sogar zerreißen. Besser ist es, die Sämlinge mit einer Glasplatte zu fixieren, die von oben aufgelegt und neben der Pfropfunterlage abgestützt wird. Noch besser hilft ein einfacher Metallwinkel aus dem Baumarkt, der seitlich des Strunks in die Erde gesteckt und in der Höhe angepasst werden kann.

Robuste Pfropfunterlagen

Sicherlich sind *Trichocereus*, *Echinopsis* und *Myrtillocactus* gute und mehr oder weniger schnellwüchsige Pfropfunterlagen. Es kommt aber immer darauf an, welche Art überhaupt veredelt werden soll. *Pereskia* bzw. *Pereskiopsis* sind für viele Kakteen geeigneter – andere hingegen verlangen wieder die säuligen Cereen. Die oftmals im Handel erhältlichen Pfropfungen langsam wachsender Kakteen auf *Hylocereus* sind nicht besonders vorteilhaft, da die Art sehr raschwüchsig ist.

Für Fortgeschrittene: Neue Sorten züchten

Pflanzenliebhaber neigen in aller Regel dazu, Hybriden – also Kreuzungen verschiedener Gewächse zu einer neuen Art – in so gut wie jeder Form anzustreben. Die meisten Kakteenfreunde bevorzugen allerdings die Artenreinheit. Trotzdem werden zur Beeinflussung oder Veränderung der Robustheit, der Beschaffenheit des Flors und aus anderen Gründen Arten einiger Gattungen mittlerweile gern und häufig gekreuzt, so z. B. Vertreter der Gattungen *Astrophytum*, *Echinopsis*, *Epiphyllum*, *Gymnocalycium*, *Hatiora* und andere. Dabei lassen sich einige Kakteen nur mit Artverwandten kreuzen, andere hingegen lassen sich fast beliebig fortpflanzen.

Mit den gewonnenen Hybriden können die speziellen Eigenschaften verschiedener Kakteen in einem neuen Kaktus vereint und zum Vorteil der Pflanze weiterentwickelt werden. Praktisch sind kombinierte, vorzügliche Eigenschaften wie z. B.

- die Winterhärte,
- Unempfindlichkeit und Resistenz,
- Eigenschaften und Potenz vorhandener Inhaltsstoffe (z. B. bei Medizinalkakteen) oder
- die Optik (z. B. Blütenbeschaffenheit, Dornen, Körperbau).

Gelungene Hybriden belohnen den Züchter aber manchmal mit einem vollkommen neuen Kakteencharakter.

Beim Probieren und Forschen mit Hybriden kann man viel über die einzelnen Kakteen und deren individuelle Eigenschaften lernen.

Gymnocalycium mihanovichii.

Die Kreuzung

Für eine Artenkreuzung wird der Pollen (Blütenstaub) des einen Kaktus mit einem feinen Pinsel oder einem Wattestäbchen auf die Narbe des anderen Kaktus gebracht.
Die **Narbe** befindet sich im Inneren der Blüte und wächst genau aus deren Zentrum – genauer: aus dem Fruchtknoten. Man erkennt sie daran, dass sie der einzige Teil der internen Blüte ist, der kerzengerade nach oben steht.

Der **Pollen** wird den so genannten Staubbeuteln der Blüte entnommen. Hat man keine zueinander passenden und gleichzeitig blühenden Kakteen, kann man den Pollen einer blühenden Pflanze entnehmen, in Zellstoff oder in ein sauberes und verschließbares Glas verpacken und im Kühlschrank oder Gefrierfach lagern. Wenn der zu bestäubende Kaktus blüht, nimmt man den auf Eis gelegten Pollen und befruchtet die Empfängerpflanze damit. Am Ende der künstlichen Bestäubung bindet man die bestäubte Blüte vorsichtig zu, um zu verhindern, dass eine Verunreinigung und/oder Fremdbefruchtung durch andere Pflanzen eintritt. Der Pinsel wird nach jeder Kreuzung sorgfältig desinfiziert, sodass keine Reste von Blütenstaub auf den feinen Härchen zurückbleiben. Werden Wattestäbchen benutzt, so kann man diese nach der Benutzung einfach wegwerfen.

Materialien für die Kreuzung

- zwei unterschiedliche, gerade blühende Kakteenarten
- einen feinen Pinsel oder Wattestäbchen
- Desinfektionslösung (bestenfalls Alkohol)
- Latexhandschuhe (der Sauberkeit wegen)
- ein Stück Alufolie (zum Verschließen der bestäubten Blüte)
- ein Stück Faden (um die Alufolie festzubinden)

Pflanzenbestimmung durch Kreuzung

Die Technik des Hybridisierens kann sogar zur Pflanzenbestimmung genutzt werden. Ein neu entdeckter Kaktus, der aufgrund seiner Merkmale der Gattung *Neolloydia* zugehörig sein könnte, muss sich mit den anderen Arten dieser Gattung kreuzen lassen. Funktioniert dies, ist man auf dem Weg zur letztendlichen Bestimmung des Kaktus einen Schritt weiter. Lässt sich aber der neu entdeckte Kaktus nicht mit anderen *Neolloydia*-Arten kreuzen, kann eine Zugehörigkeit zu dieser Gattung direkt ausgeschlossen werden.

Jahreskalender für die Kakteenpflege

Dieser Pflegekalender versteht sich als Orientierungshilfe. Manche Kakteen haben sehr spezielle Ansprüche, denen in den folgenden Erläuterungen nicht entsprochen werden kann. Auch ist es möglich, dass einzelne Kakteenfreunde über die Jahre hinweg einen eigenen und etwas von den hier dargestellten Maßnahmen abweichenden Rhythmus der Kaktuskultur entwickeln. Das ist selbstverständlich kein Nachteil, jeder Pflanzenfreund wird mit der Zeit seine ganz eigenen Erfahrungen machen. Dennoch gelten alle hier empfohlenen Aktivitäten der Jahrespflege für ein Gros der typischen „Fensterbank-Kakteen" – also für solche, die kein Spezialwissen erfordern – und können dem Einsteiger zu Beginn seiner Leidenschaft einen ersten Überblick verschaffen.

Januar

Im Januar befinden sich viele Kakteen noch im Überwinterungsquartier und sollten – jeweils am frühen Morgen oder am Abend – entsprechend ihrer individuellen Bedürfnisse gewässert werden. Manche Arten stehen während dieser Zeit komplett trocken. Regelmäßiges Lüften der Räumlichkeit, natürlich nur bei entsprechend verträglichen Außentemperaturen, ist notwendig. Die Frischluftzufuhr härtet die Pflanzen ab und beugt einem eventuellen Vergeilungsprozess vor. Einige Kakteen, beispielsweise *Schlumbergera*, *Rhipsalis* und *Epiphyllum*, dürfen auch während des Winters nie ganz austrocknen.

Februar

Ab Mitte Februar dürfen die meisten Pflanzen, die aufgrund der noch zurückgefahrenen Lebensfunktionen von schwacher Konstitution sind, ein wenig großzügiger mit Wassergaben bedacht werden, allerdings ist dies auch ein heikler Punkt. Die Bewässerung darf nicht plötzlich drastisch maximiert, sondern sukzessive und nur sehr vorsichtig gesteigert werden. Es bietet sich nun an, die Kakteen mit einer Lupe auf einen eventuellen Schädlingsbefall zu untersuchen. Dabei sollte man insbesondere schauen, ob sich die Rote Spinne sowie Schild-, Woll- oder Wurzelläuse an den Gewächsen ausbreiten. Schild- und Wollläuse können in diesem frühen Stadium noch recht einfach von Hand entfernt werden. Belüftung nicht vergessen!

März

Anfang bis Mitte März gewinnen die meisten Kakteen wieder allmählich an Vitalität. Bis zum Zeitpunkt der ersten Knospen- bzw. Blütenausbildung sollen die Pflanzen aber immer noch nur recht sparsam gewässert werden. Die jeweils bevorzugte Substratmischung kann nun für die einzelnen Exemplare vorbereitet werden. Erste Aussaaten, deren Gefäß mit einer Wärmequelle versehen werden kann, sind jetzt auch schon möglich. Ist der Standort vor letzten Frösten sicher, können die weniger empfindlichen Kakteen bereits wieder an ihren Sommerplatz. Dabei werden die weniger dicht bedornten Arten während der Mittagssonne abgedeckt und vor dem prallen Lichteinfall geschützt. Alle Pflanzen, ob im Sommer- oder im Winterquartier, sollten weiterhin eine regelmäßige Frischluftzufuhr erfahren.

April

Gegen Anfang April stellt man die Kakteen wieder an ihren Sommerstandort. Bei aggressivem Einfall der Frühjahrssonne – gerade um die Mittagszeit – empfiehlt es sich, die Pflanzen mittels Vliesabdeckung, Fliegengitter, Seidentuch oder Zeitungspapier noch leicht zu beschatten. Frühbeetkulturen können nun begonnen werden. Während warmer Tage dürfen die Kakteen ab und zu besprüht werden, allerdings muss man darauf achten, dass das vernebelte Wasser bis zum Abend wieder abtrocknen kann. Man lüftet weiterhin gewissenhaft und kann jetzt, auch vorbeugend, Schädlingsbekämpfungsmittel einsetzen. Kakteen, die in verbrauchtem Altsubstrat stehen, dürfen umgetopft werden. Nach dem Umtopfen werden die betreffenden Pflanzen für einige Tage nur sparsam gewässert.

Mai

Ab Mai erhalten die meisten Kakteen wieder normale Wassergaben, die selbstverständlich den individuellen Ansprüchen angepasst werden. Auch die empfindlicheren Pflanzen kann man nun durchaus an ihrem Standort im Garten, auf der Terrasse oder auf dem Balkon weiter pflegen. Es bietet sich an, allmählich Pfropfunterlagen vorzubereiten und Stecklinge zu gewinnen und zu bewurzeln. Jetzt können erneut Kakteensamen im Anzuchthäuschen oder ähnlichem ausgesät und erweiterte Maßnahmen zur Schädlingsbekämpfung bzw. -vorbeugung vorgenommen werden.

Juni

Im Juni beginnt für die meisten Kakteen die wichtigste Vegetationsperiode. Entsprechend der Bedürfnisse muss man jetzt kräftig wässern. Jetzt können Stecklinge gewonnen und bewurzelt werden, die ersten und dicht zusammenstehenden Sämlinge der Mai-Aussaat sollten nun pikiert (vereinzelt) werden. Viele Kakteen dürfen endlich großzügig gedüngt und Veredelungen (Pfropfungen) durchgeführt werden. Kakteen, die an sehr hellen und warmen Standorten stehen, benötigen ausreichende Belüftung. Auch im Juni wird jeder Kaktus regelmäßig auf einen eventuellen Schädlingsbefall hin untersucht und gegebenenfalls behandelt.

Juli

Zum Sommeranfang setzt man die Kakteenpflege der Vormonate fort, eine stattliche Anzahl der Pflanzen dürfte mittlerweile in voller Blüte stehen. Entsprechend der Anforderungen und Bedürfnisse düngt man, topft eventuell noch um, wässert kräftig und besprüht regelmäßig, pikiert Sämlinge, schneidet Stecklinge und nimmt Pfropfungen vor. Im Juni können zudem letzte Aussaaten unter natürlichem Sonnenlicht gelingen. Auch jetzt sollten man die Gewächse gewissenhaft nach Schädlingen absuchen und bei Befall die notwendigen Bekämpfungsmaßnahmen ergreifen. Bei gesunden Kakteen empfiehlt sich weiterhin eine Schädlings-Prophylaxe.

August

Um die Kakteen einer ordentlichen Abhärtung zu unterziehen und diese somit vor dem Verweichlichen zu schützen, bietet sich der hochsommerliche August geradezu an. Unter Berücksichtigung der individuellen Eigenschaften und Vorlieben der Pflanzen kann man die Pflanzen nun dem Einfluss häufiger Frischluft und voller Sonne aussetzen. Kakteen, die das direkte Sonnenlicht genießen, sollt man allerdings nur noch am Morgen oder abends besprühen, damit die Gewächse keine Verbrennungsschäden erleiden.

September

Ab Oktober beziehen die meisten Kakteen ihr Winterquartier, deshalb bereitet man diese Arten im September allmählich auf die bevorstehende Ruhephase vor. Die Bewässerungen werden schrittweise reduziert und möglichst auf die Morgenstunden verlegt, und man gewährleistet weiterhin eine regelmäßige und ausreichende Belüftung. Ehe gegen Ende September die ersten nächtlichen Fröste die im Freien gehaltenen Kakteen schädigen könnten, bringt man diese wieder zurück in die Wohnung. Ganzjährig im Freiland kultivierte Arten können bei bevorstehenden Temperaturabfällen mit einer Abdeckung geschützt werden.

Oktober

Im Oktober beginnt für die meisten Kakteen die Winterruhe. Die entsprechenden Pflanzen sollten nun in einem ausreichend hellen und beheizbaren Raum untergebracht werden. Dieses Überwinterungsquartier soll zwar belüftbar sein, nicht jedoch zugig. Die Wassergaben werden nochmals reduziert. Wichtig ist, gerade in Bezug auf Temperatur und Bewässerung, auf die jeweiligen Bedürfnisse der einzelnen Arten zu achten. Weihnachtskakteen (*Schlumbergera*) bilden nun demnächst die ersten Knospen aus und werden an einen Standort gebracht, der den Pflanzen eine Temperatur um 15 °C bietet. Junge Pflanzen aus Aussaaten sollten gegen den Spätnachmittag, wenn es allmählich dunkler wird, mit künstlichem Licht versorgt werden.

November

Sämtliche Kakteen, die einer winterlichen Ruhephase bedürfen, stehen mittlerweile im entsprechenden Quartier. Man sollte die Pflanzen noch mal auf Schädlingsbefall untersuchen. Je nach Art setzt man sparsame Wassergaben fort. Die jungen Kakteen sollten vom Einbruch der Dunkelheit bis etwa 19 Uhr künstlich beleuchtet werden.

Dezember

Im Dezember hat man als Kakteenfreund nur wenige Aufgaben, denn jetzt beschränken sich die Maßnahmen auf eine ein- bis zweiwöchige Feuchtigkeitskontrolle. Um solche Kakteen, die gänzlich trocken stehen wollen, muss man sich gar nicht kümmern. Jungpflanzen werden weiterhin bis zum frühen Abend mit künstlichem Licht versorgt.

Serviceteil

Glossar

Areole
Meist kleines, pelziges Kissen, aus dem Dornen, Borsten, Glochiden oder Haaransatz entspringen. Geburtsort kleiner Seitentriebe und Blüten.

Auflaufen
Keimung des Samens.

Axillen
Mit Härchen ausstaffierte Vertiefungen zwischen den Warzen bei der Gattung *Mammillaria*.

Bimskies
Kiesart in verschiedenen Körnungen (fein bis grob) aus Bimsstein.

Cephalium
Haar- und Borstenbildung. Man unterscheidet zwischen echtem Cephalium (auf dem Scheitel des Kaktus) und Pseudo- oder Rinnencephalium (an Scheitel und Seite).

Chlorophyll
Grüner Blattfarbstoff.

Cristat
Hahnenkammwuchs, Verbänderung. Spontane Entstehung eines Vegetationsbandes (auch: Vegetationsscheitel) aus einem Vegetationspunkt. Nicht pathologische (krankhafte) veränderte Wuchsform eines Kaktus. Die genaue Ursache dieser Wuchsform ist noch unklar.

Dornen
Verkümmerte Blätter der Kakteen, Teil des festen Pflanzenkörpers.

Dorsiventral
Eine Symmetrieachse (auch zygomorph genannt).

Dränage
Meist aus Kieselsteinen oder Tonscherben bestehende Filterschicht im Pflanzgefäß. Sorgt für ein effizientes Ablaufen des überschüssigen Gießwassers.

Epidermis
Oberhaut. Schutz und Wasserspeicher des Pflanzenkörpers.

Epiphyten
Auf Bäumen lebende, nicht schmarotzende Pflanzen, deren Luftwurzeln oftmals bis zum Boden reichen.

Etiolement
Übermäßig schnelles, meist krummes Wachstum in die Höhe als Folge einer fehlerhaften Kultur mit zu wenig Licht und entweder zu feuchter oder zu warmer Umgebung.

Glochiden/Glochidien
Borstenartige Dornenbüschel mit Widerhaken.

Hilum
Samen-Nabel.

Hybride
Ergebnis der Kreuzung zweier verschiedener Gattungen (Mischling, Bastard).

Hydrokultur
Pflanzenkultur ohne Erde. Die Pflanzen werden in ein Material (meist Kügelchen) aus Blähton, Plastik, Lava oder Kies gesetzt und mit Nährstofflösung am Leben erhalten. Die Wurzel der Hydro-Pflanze trocknet nie aus, sondern hängt immer im mit Nährstoff angereicherten Wasser.

Hydro-Substrate
Kügelchen aus Ton, Plastik, Lava oder Kies. Wasser bzw. Nährlösungen werden schwammartig aufgesaugt und wieder abgegeben.

Kallus
Wund- und Vernarbungsgewebe, das durch starke Vermehrung aller an die Wundfläche grenzenden lebenden Zellen entsteht.

Latex
Weißlicher bis bräunlicher Milchsaft aus Pflanzen.

Monstrosus
Wilde Wuchsform mit aufgelösten Areolen und Rippen (ähnlich der Cristat-Form).

Nematoden
Fadenwürmer. Die Nematoden gelten als Pflanzenschädling. Die Raubnematode (*Acrobeles mariannae*) gilt hingegen als Nützling, weil sie Schädlinge wie den Dickmaulrüssler und die Sciara-Fliege eliminiert, selbst aber den Pflanzen keinen Schaden zufügt.

Ovarium
Samenbeutel einer Kakteenblüte.

Petalen
Innere Blütenhüllblätter.

pikieren
Vereinzeln. Die Keimlinge werden nach dem Auflaufen aus dem Anzuchtsubstrat genommen und, um abzuhärten, zu fünft oder sechst in Einzeltöpfe gesetzt.

Rädiär
Mehr als zwei Symmetrieachsen.

Raubnematode
Siehe Nematode.

Sepiolith
Meerschaum. Tonmineral aus der Gruppe der Silikate.

Substrat
Pflanzenerde oder Erdgemisch, das der Pflanze die nötigen Nährstoffe liefert.

Sukkulent
Fettfleischig (von lateinisch: succus bzw. sucus = Saft). Fettfleischige Pflanzen haben das Vermögen, Wasser lange Zeit zu speichern und bei Bedarf wieder abzugeben.

Testa
Samenschale, Samen-Oberfläche.

Vergeilen
Siehe Etiolement.

Zygomorph
Eine Symmetrieachse.

Neuordnung der Gattungen

Die in vorhergehender Tabelle dargestellte Neuzuordnung der Gattungen innerhalb der botanischen Systematik ist keine verbindliche. Viele Pflanzenkundler können diverse Neuerungen nicht nachvollziehen oder gutheißen oder lehnen diese gar strikt ab. Das gilt z. B. für die Zusammenfassung der Gattungen *Notocactus* unter *Parodia* oder auch für die Revision der Gattung *Echinopsis*.

Neuordnung der Gattungen

Alte Gattung	**Aktuelle Gattung**
Aporocactus	*Disocactusro*
Azureocereus	*Browningia*
Backebergia	*Pachycereus*
Dolichothele	*Mammillaria*
Helianthocereus	*Echinopsis*
Islaya	*Eriosyce*
Lemaireocereus	*Pachycereus*
Lobivia	*Echinopsis*
Lophocereus	*Pachycereus*
Machaerocereus	*Stenocereus*
Monvillea	*Acanthocereus*
Neoporteria	*Eriosyce*
Neochilenia	*Eriosyce*
Notocactus	*Parodia*
Phyllocactus	*Epiphyllum*
Pseudolobivia	*Echinopsis*
Pterocereus	*Pachycereus*
Solisia	*Mammillaria*
Sulcorebutia	*Rebutia*
Trichocereus	*Echinopsis*
Wigginsia	*Parodia*
Zygocactus	*Schlumbergera*

Weiterführende Literatur

ANDERSON, EDWARD F.: Das große Kakteen-Lexikon (übers. v. Urs Eggli). Verlag Eugen Ulmer, Stuttgart 2005

AUGUSTIN, K./ GERTEL, W./ HENTZSCHEL, G.: Sulcorebutia. Kakteenzwerge der bolivianischen Anden. Verlag Eugen Ulmer, Stuttgart 2005

BERGER, M.: Kakteen – genügsam, formenreich, faszinierend. Verlag Eugen Ulmer, Stuttgart 2007

DELANGE, YVES: Kakteen auswählen und pflegen. Verlag Eugen Ulmer, Stuttgart 2006

DELANGE, YVES: Sukkulenten auswählen und pflegen. Verlag Eugen Ulmer, Stuttgart 2007

DICHT, R./ LÜTHY, A.: Coryphantha. Kakteen aus Nordamerika. Verlag Eugen Ulmer, Stuttgart 2003

DOPP, HOLGER: Kakteen – Die besten Pflanzen für Sammler und Liebhaber. Verlag Eugen Ulmer, Stuttgart 1998

EGGLI, URS: Sukkulenten-Lexikon (4 Bände). Verlag Eugen Ulmer, Stuttgart 2001-2003

GÖTZ, E./ GRÖNER, G.: Kakteen – Kultur, Vermehrung und Pflege. Lexikon der Gattungen und Arten. Verlag Eugen Ulmer, Stuttgart 2000

GRÖNER, G./ GÖTZ, E.: Schöne Kakteen. Verlag Eugen Ulmer, Stuttgart 1998

HAAGE, HANS FRIEDRICH: Kakteen. Verlag Eugen Ulmer, Stuttgart 1993

KAWOLLEK, WOLFGANG: Sukkulenten für Zimmer und Fensterbank. Verlag Eugen Ulmer, Stuttgart 1996

KÖHLEIN, FRITZ: Freilandsukkulenten – Hauswurz, Fetthenne & Co. Verlag Eugen Ulmer, Stuttgart 2005

PRESTON-MAFHAM, ROD UND KEN: Kakteen-Atlas – 1094 Kugelkakteen in Farbe. Verlag Eugen Ulmer, Stuttgart 1995

Hilfreiche Adressen

Sehenswerte Kakteensammlungen in Deutschland

Egapark Erfurt
Gothaer Straße 38
99094 Erfurt
Internet: http://www.egapark.de

Das Kakteenhaus in Erfurt beherbergt etwa 3.200 verschiedene Kakteen in 820 Arten.

Botanischer Garten und Botanisches Museum Berlin-Dahlem
Freie Universität Berlin
Königin-Luise-Straße 6-8
14195 Berlin
Internet: http://www.bgbm.org

Mit einer Fläche von über 43 Hektar ist der Garten in Berlin einer der größten und bedeutendsten Botanischen Gärten der Welt. Er zeigt Sukkulentensammlungen aus der Alten und Neuen Welt.

Palmengarten Frankfurt am Main
Siesmayerstraße 61
60323 Frankfurt am Main
Internet: http://www.palmengarten-frankfurt.de/

Der Sukkulentengarten ist über 1.000 m² groß. Außer Kakteen werden hier Sukkulenten aus verschiedenen Pflanzenfamilien und aus unterschiedlichen Regionen der Erde gezeigt.

Grugapark Essen
Botanischer Garten
Virchowstraße 167a
45147 Essen
Internet: http://www.grugapark.de

Der zentrale Bereich des Sukkulentenhauses in Essen stellt Sukkulenten aus Amerika vor. Spektakulär ist die Blüte der Königin der Nacht.

Bezugsquellen (Auswahl)

Kakteen-Haage
Blumenstraße 68
99092 Erfurt
www.kakteen-haage.de

Uhlig-Kakteen
Hegnacher Straße 31
71394 Kernen
www.uhlig-kakteen.de

Interessengemeinschaften (Auswahl)

Deutsche Kakteen-Gesellschaft e. V.
Oos-Straße 18
D-75179 Pfortzheim

Schweizerische Kakteen-Gesellschaft
Eichstraße 29
CH-5432 Neuenhof

Gesellschaft Österreichischer Kakteenfreunde
Buchenweg 9
A-4810 Gmunden

Spezielle Vereinigungen (Auswahl)

Arbeitskreis für Mammillarienfreunde e. V.
Wolfgang Plein
Niederdonker Str. 31
D-40547 Düsseldorf
Telefon: 0211.592263, Fax: 0211.592285
E-Mail: afm-geschaeftsstelle@mammillaria.eu
Internet: http://www.afm-mammillaria.de/

AG Astrophytum der Deutschen Kakteengesellschaft e. V.
Heinrich Borger
Telefon: 07243.30486
E-Mail: heinrich.borger@gmx.de
Internet: http://www.ag-astrophytum.de/

Turbinicarpus-Gruppe
Dr. Peter Lechner
c/o Universität für Bodenkultur
Institut für Abfallwirtschaft
Muthgasse 107/3
A-1190 Vienna
E-Mail: h526a5@edv2.boku.ac.at
Internet: http://www.boku.ac.at/tcg/

INTERNOTO e. V.
Internationale Gesellschaft der Notokakteenfreunde e. V.
Brandenburger Straße 49
D-71640 Ludwigsburg
Telefon: 07141.860573, Telefax: 07141.290216
E-Mail: NGerloff@aol.com
Internet: http://www.internoto.de/

Arbeitsgruppe Echinocereus der Deutschen Kakteengesellschaft e. V.
Südwieke 257
D-26817 Rhauderfehn
Telefon: 04952.8776
E-Mail: dosedal-kakteen@kundeninfo.net
Internet: http://www.echinocereus.de/

Arbeitsgruppe Gymnocalycium der Österreichischen Kakteenfreunde
Helmut Amerhauser
Bahnweg 12
A-5301 Eugendorf
Telefon: 00436225.7222
E-Mail: dha.gymno@aon.at
Internet: http://members.magnet.at/ptero-kuehhas/gymagg.htm

Arbeitsgruppe Echinopsis-Hybriden der Deutschen Kakteengesellschaft e. V.
Hartmut Kellner
Meister-Knick-Weg 21
D-06847 Dessau
Telefon: 0340.511095
E-Mail: Hart.Kellner@t-online.de
Internet: http://www.echinopsis-hybriden-ag.de/

Adressen von weiteren Vereinigungen können über die Geschäftsstellen der Kakteengesellschaften erfragt werden.

Bildquellen

Beck, Manuela Seite 11, 23, 30, 31, 34, 43 o. und u., 45, 46, 48, 50, 54, 55, 59, 63, 73, 98 o. li. und re., u. li. und re., 109, 114.
Drouyer, Rene – Fotolia.com Titelfoto
Gröner, Gerhard Seite 88.
Haage, Amrey Seite 92 li., 105 o. li., o. re. und u.
Haage, Hans-Friedrich Seite 60 li., 90, 92 re.
Haugg, Erich Seite 85.
Malzan, Andreas Seite 22 o. re.
Reinhard, Hans Seite 17 re., 42, 62, 64.
Smit, Daan Seite 1, 2/3, 5, 6, 8, 14, 16, 17 li., 18 li. und re., 19 li. und re., 20, 22 o. li. und u., 25, 26 u., 28, 29, 32, 38, 39, 40, 41, 44, 49, 51, 53, 56, 57 li., 57 re., 60 re., 61, 65, 66, 67 o. und u., 68, 70, 72, 74, 77, 84, 89, 96, 101, 107.
Thomas, Hans-Peter Seite 26 o.

Register

Sachregister

Pflanzenregister

Die in diesem Buch enthaltenen Empfehlungen und Angaben sind vom Autor mit größter Sorgfalt zusammengestellt und geprüft worden. Eine Garantie für die Richtigkeit der Angaben kann aber nicht gegeben werden. Autor und Verlag übernehmen keinerlei Haftung für Schäden und Unfälle.

Bibliografische Information der Deutschen Nationalbibliothek
Die Deutsche Nationalbibliothek verzeichnet diese Publikation in der Deutschen Nationalbibliografie; detaillierte bibliografische Daten sind im Internet über http://dnb.d-nb.de abrufbar.

Wollgrasweg 41, 70599 Stuttgart (Hohenheim)
E-Mail: info@ulmer.de
Internet: www.ulmer.de
Lektorat: Karin Wachsmuth, Dr. Sabine Klonk
Herstellung: Gabriele Wieczorek
Umschlagentwurf: red.sign, Anette Vogt, Stuttgart
Satz: Typomedia GmbH, Ostfildern
Druck und Bindung: Firmengruppe APPL, aprinta druck, Wemding
Printed in Germany

ISBN 978-3-8001-5578-1